中式糕点

生产工艺与配方

◉ 高海燕 金 萍 丁 楠 编著

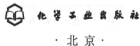

化学工业出版社

·北京·

图书在版编目（CIP）数据

中式糕点生产工艺与配方/高海燕，金萍，丁楠编著.
北京：化学工业出版社，2016.4（2025.4重印）
ISBN 978-7-122-26198-4

Ⅰ.①中… Ⅱ.①高…②金…③丁… Ⅲ.①糕点加
工-中国②糕点-配方-中国 Ⅳ.①TS213.2

中国版本图书馆 CIP 数据核字（2016）第 020101 号

责任编辑：彭爱铭 　　　　　　　装帧设计：刘丽华
责任校对：边　涛

出版发行：化学工业出版社
　　　　　（北京市东城区青年湖南街 13 号　邮政编码 100011）
印　　装：北京科印技术咨询服务有限公司数码印刷分部
850mm×1168mm　1/32　印张 8¼　字数 241 千字
2025 年 4 月北京第 1 版第 11 次印刷

购书咨询：010-64518888
售后服务：010-64518899
网　　址：http://www.cip.com.cn
凡购买本书，如有缺损质量问题，本社销售中心负责调换。

定　　价：39.00 元　　　　　　　　　　版权所有　违者必究

前言

　　糕点是以面粉或米粉、糖、油脂、蛋、乳品等为主要原料，配以各种辅料、馅料和调味料，初制成形，再经蒸、烤、炸、炒等方式加工而成的。它种类繁多，中国 GB/T 12140 将其分为中式糕点和西式糕点两类。常见的月饼、酥饼等均属中式糕点。

　　中式糕点既可作为早点、茶点，又可作为席间的小吃，深受消费者喜爱，具有很好的发展前景。

　　本书在编写过程中将传统工艺与现代加工技术相结合，内容全面具体，条理清楚，通俗易懂，是一本操作性强的中式糕点生产参考书，可供从事中式糕点开发的科研技术人员、企业管理人员和生产人员学习参考使用，也可作为大中专院校食品科学与工程专业、烹饪专业等相关专业的实践教学参考用书。

　　本书由河南科技学院高海燕和辽宁医学院金萍、丁楠编著，其中高海燕主要负责第一～第四章的编写工作，金萍主要负责第五、第八、第九章的编写工作，丁楠主要负责第六、第七、第十章的编写工作。在编写过程中参考了大量相关文献资料，在此对原作者表示衷心感谢。同时吉林工程职业学院夏明敬，四川旅游学院王林，河南科技学院的莫海珍、高莹莹、李云波参与了部分资料查阅和文字整理工作。

　　由于时间仓促、水平所限，书中不当之处在所难免，恳请读者批评指正。

编著者

2015 年 10 月

目 录

第七章　煮制品类中式糕点 ························· 174

第八章　油炸制品类中式糕点 ························· 192

第十章　烙类中式糕点 ·············· 237

参考文献 ·············· 248

第一章　概述

第一节 中式糕点的历史和分类

一、中式糕点历史

我国糕点制作历史悠久，技术精湛，历史书中对糕点有很多记载。2000 多年前的先秦古籍《周礼·天官笾人》就讲到"羞笾之实，糗饵粉餈"。其中糗是炒米粉或炒面，饵为糕饵或饼耳的总称，这些都是简单的加工，但已初具糕点的雏形。屈原在《楚辞·招魂》中说到"柜籹蜜饵，有帐皇兮"，其中柜籹和帐皇就是后来的麻花和馓子，《齐民要术》中详细记载了其成分和制法。唐宋时期，糕点已发展为商品生产，制作技术也有了进一步提高。据史料记载，当时长安有专业"饼师"和专业作坊，采用烘烤方法，使用"饼鏊"（平底锅）等工具。宋代在制作技术上已采用油酥分层和饴糖增色等，所以当时苏东坡有诗写到"小饼如嚼月，中有酥和饴"的诗句。明、清以后，我国糕点生产逐渐成熟，发展为丰富的花色品种。

二、中式糕点分类

中式糕点，指的是用中国传统工艺加工制作的糕点。因各地物产和风俗习惯不同，逐渐形成不同风格的地方风味。有京式、广式、苏式、闽式、扬式等样式。其中又以京、广、苏最为著名，花色品种有 2000 多种。目前以糕点最后熟成、成型工艺为依据,将中式糕点分为 5 种制品,即烤制品、炸制品、蒸制品、熟粉制品和其他制品。每种制品又以工艺特点为主要依据划分为若干类,如烤制品中又分为油酥类、松酥类、酥皮类、糖浆浆皮类、烤蛋糕类,蒸制品中又分为蒸蛋糕类、年糕类、蜂糕类、粉糕类等。中国名优糕点很多,如北京的京八件、天津的大麻花、上海的高桥薄饼及河北唐山蜂蜜麻糖等。现将有关分类方法介绍如下。

(一) 按生产工艺和熟制工序分类

1. 烘烤制品

以烘烤为最后熟制工序的一类糕点。

(1) 油酥类　使用较多的油脂和糖,调制成酥性面团经成形、烘烤而制成的组织不分层次、口感酥松的制品。如京式的核桃酥、苏式的杏红酥等。

(2) 松酥类　使用较多的油脂和糖,辅以蛋品或乳品等,并加入化学疏松剂,调制成松酥面团,经成形、烘烤而制成的疏松制品。如京式的冰花酥,苏式的香蕉酥、广式的德庆酥等。

(3) 松脆类　使用较少的油脂、较多的糖浆或糖调制成糖浆面团,经成形、烘烤而制成的口感松脆的制品。如广式的薄脆、苏式的金钱饼等。

(4) 酥层类　用水油面团包入油酥面团或固体油,经反复压片、折叠、成形、烘烤而制成的具有多层次、口感酥松的制品。如广式的千层酥等。

(5) 酥皮类　用水油面团包入油酥面团制成酥皮,经包馅、成形、烘烤而制成的饼皮分层次的制品。如京八件、苏八件、广式的莲蓉酥等。

(6) 松酥皮类　用松酥面团制皮,经包馅、成形、烘烤而制成的口感松酥的制品。如京式的状元饼、苏式的猪油松子酥、广式的莲蓉甘露酥等。

(7) 糖浆皮类　用糖浆面团制皮,经包馅、成形、烘烤而制成的口感柔软或韧酥的制品。如京式的提浆月饼、苏式的松子枣泥麻饼、广式月饼等。

(8) 硬酥类　使用较少的糖、较多的油脂和其他辅料制皮,经包馅、成形、烘烤而制成的外皮硬酥的制品。如京式的自来红月饼、自来白月饼等。

（9）水油皮类　用水油面团制皮，经包馅、成形、烘烤而制成的皮薄馅饱的制品。如福建礼饼、春饼等。

（10）发酵类　采用发酵面团，经成形或包馅成形、烘烤而制成的口感柔软或松脆的制品。如京式的切片缸炉、苏式的酒酿饼、广式的西樵大饼等。

（11）烤蛋糕类　以禽蛋为主要原料，经打蛋、调糊、注模、烘烤而成的组织松软的制品。如苏式的桂花大方蛋糕、广式的莲花蛋糕等。

（12）烘糕类　以糕粉为主要原料，经拌粉、装模、炖糕、成形、烘烤而制成的口感松脆的糕类制品。如苏式的五香麻糕、广式的淮山鲜奶饼、绍兴香糕等。

2. 油炸制品

以油炸为最后熟制工序的一类糕点。

（1）酥皮类　用水油面团包入油酥面团制成酥皮，经包馅、成形、油炸而制成的饼皮分层次的制品。如京式的酥盒子、苏式的花边饺、广式的莲蓉酥角等。

（2）水油皮类　用水油面团制皮，经包馅、成形、油炸而制成的皮薄馅饱的制品。

（3）松酥类　使用较少的油脂、较多的糖，辅以蛋品或乳品等，并加入化学疏松剂，调制成松酥面团，经成形、油炸而制成的口感松酥的制品。如京式的开口笑、苏式的炸食、广式的炸多吻等。

（4）酥层类　用水油面团包入油酥面团，经反复压片、折叠、成形、油炸而制成的层次清晰、口感酥松的制品。如京式的马蹄酥等。

（5）水调类　以面粉和水为主要原料制成水调面团，经成形、油炸而成的口感松脆的制品。如京式的炸大排叉等。

（6）发酵类　采用发酵面团，经成形或包馅成形、油炸而制成的外脆内软的制品。

（7）上糖浆类　先制成生坯，经油炸后再拌（浇、浸）入糖浆的口感松酥或酥脆的制品。如京式的蜜三刀、苏式的枇杷梗、广式的雪条等。

3. 蒸煮制品

以蒸制或水煮为最后熟制工序的一类糕点。

（1）蒸蛋糕类　以禽蛋为主要原料，经打蛋、调糊、注模、蒸制而成的组织松软的制品。如京式的百果蛋糕、苏式的夹心蛋糕、广式的莲蓉蒸蛋糕等。

（2）印模糕类　以熟制的原辅料，经拌和、印模成形、蒸制而成的口感松软的糕类制品。

（3）韧糕类　以糯米粉为主要原料制成生坯，经蒸制、成形而制成的韧性糕类制品。如京式的百果年糕、苏式的猪油年糕、广式的马蹄糕等。

（4）发糕类　以面粉或米粉为主要原料调制成面团，经发酵、蒸制、成形而成的带有蜂窝状组织的松软糕类制品。如京式的白蜂糕、苏式的米枫糕、广式伦教糕等。

（5）松糕类　以粳米粉为主要原料调制成面团，经成形、蒸制而成的口感松软的糕类制品。如苏式的松子黄千糕、高桥式的百果松糕等。

（6）粽子类　以糯米为主要原料，中间裹以（或不裹）果仁、果料、籽仁、肉类等辅料，用粽叶（或荷叶）包扎，经水煮而成的制品。

（7）糕团类　以糯米粉为主要原料，经包馅（或不包馅）、成形、水煮而成的制品。如元宵等。

（8）水油皮类　用水油面团制皮，经包馅、成形、水煮而成的制品。

4. 熟粉制品

将米粉或面粉预先熟制，然后与其他原辅料混合而制成的一类糕点。

（1）冷调韧糕类　用糕粉、糖浆和冷开水调成有较强韧性的软质糕团，经包馅（或不包馅）、成形而制成的冷作糕类制品。如闽式的食珍橘红糕等。

（2）冷调松糕类　用糕粉、糖或糖浆拌和成松散性的糕团，经成形而制成的松软糕类制品。如苏式的松子冰雪酥、清闵酥等。

（3）热调软糕类　用糕粉、糖和沸水调成有较强韧性的软质糕团，经成形而制成的柔软糕类制品。

（4）印模糕类　用熟制的米粉为主要原料，经拌和、印模成形等工序而制成的口感柔软或松脆的糕类制品。如苏式的八珍糕、广式的莲蓉水晶糕等。

（5）片糕类　以米粉为主要原料，经拌粉、装模、蒸制或炖糕，切片而制成的口感绵软的糕类制品。

5. 其他制品

凡上述各类制品以外的糕点。

（二）按形态品种分类

1. 包类

主要指各式包子，属于发酵面团。其种类花样极多，根据发酵程度分为大包、小包；根据形状分为提褶包（如三丁包子、小笼包等）、花式包（如寿桃包、金鱼包等）、无缝包（如糖包、水晶包等）。

2. 饺类

是我国面点的一种重要形态，其形状有木鱼形（如水饺、馄饨等）、月牙形（如蒸饺、锅贴、水饺等）、梳背形（如虾饺等）、牛角形（如锅贴等）、雀头形（如小馄饨等），还有其他象形品种，如花式蒸饺等。按其用料分则有水面饺类（如水饺、蒸饺、锅贴）、油面饺类（如咖喱酥饺、眉毛饺等）、其他（如澄面虾饺、玉米面蒸饺、米粉制的红白饺子等）。

3. 糕类

多以米、面粉、鸡蛋等为主要原料制作而成。米粉类的糕有松质糕（如五色小圆松糕、赤豆猪油松糕等）、黏质糕（如猪油白糖年糕、玫瑰百果蜜糕等）、发酵糕类（如伦教糕、棉花糕等）。面粉类的糕有千层油糕、蜂糖糕等。蛋糕类有清蛋糕、花式蛋糕等。其他还有山药糕、马蹄糕、栗糕、花生糕等用水果、干果、杂粮、蔬菜等制作的糕。

4. 团类

常与糕并称糕团，一般以米粉为主要原料制作，多为球形。品种有生粉团（如汤团、鸽子圆子等）、熟粉团（如双馅团等）。其他还有果馅元宵、麻团等品种。

5. 卷类

用料范围广，品种变化多。品种如下。

① 酵面卷，可分为卷花卷（如四喜卷、蝴蝶卷、菊花卷等）、折叠卷（如猪爪卷、荷叶卷等）、抻切卷（如银丝卷、鸡丝卷等）。

② 米（粉）团卷，比如芝麻凉卷等。

③ 蛋糕卷，比如果酱蛋糕卷等。

④ 酥皮卷，如榄仁擘酥卷等。

⑤ 饼皮卷，如芝麻鲜奶卷等。

⑥ 其他，如春卷等特殊的品种。

6. 饼类

为我国历史悠久的品种之一。根据坯皮的不同可以分为水面饼（如薄饼、清油饼等）、酵面饼类（如黄桥烧饼、酒酿饼等）、酥面饼类（如葱油酥饼、苏式月饼等），其他还有米粉制作的煎米饼、蛋面制作的肴肉锅饼，果蔬杂粮制作的荸荠饼、桂花粟饼等。

7. 酥类

大多为水油面皮酥类。按照表现方式分为明酥（如鸳鸯酥油、萱花酥、藕丝酥等）、暗酥（如双麻酥饼等）、半暗酥（如苹果酥等），其他还有桃酥、莲蓉甘露酥等混酥品种。

8. 其他类

除了前面已提到的面点形态外，还有一些常见的品种如馒头、麻花、粽子、烧卖等，也是人们所喜爱的。

（三）按地域分类

1. 京式糕点

京式糕点起源于华北地区的农村和满、蒙民族地区。在北京地区形成了一个制作体系，现在遍及全国，在制作方法上受宫廷制作影响较大，同时吸收了北方少数民族（如满族、蒙古族、回族等）和南方一些糕点的优点，自成体系。京式糕点一般重油（油多）、轻糖（糖少），甜、成分明，注重民族风味，造型美观、精细，产品表面多有纹印，饼状产品较多，印模清晰，同时也能适合不同用途和季节。主要代表品种有京八件、核桃酥、莲花酥、红白月饼、提浆月饼、江米条、状元饼等。

京八件是采用山楂、玫瑰、青梅、白糖、豆沙、枣泥、椒盐、葡萄干八种馅心，外裹以含食油的面，放在各种图案的印模里精心烤制而成。形状有腰子型、圆鼓型、佛手型、蝙蝠型、桃型、石榴型，造型有三仙、银锭、桂花、福、禄、寿、喜等花样，是京式糕点中的优质产品。

2. 广式糕点

广式糕点起源于广东地区的民间，在广州形成集中地，原来以米制品居多，清朝受满族南下的影响，增加了一些品种。近代又因广州对外通商较早，传入面包、西点等制作技术。在传统制作的基础上，吸取北方和西式糕点的特点，结合本地区人民生活习惯，工艺上不断加以改进，逐渐形成了现在的广式糕点。馅料多用榄仁、椰丝、莲蓉、糖渍肥膘，重糖、重油，具有皮薄馅多、油润软滑、口味甜中含咸等特点。一般糖、油用量都大，口味香甜软润，选料考究，制作精致，品种花样多，带馅的品种具有皮薄馅厚的特点。主要代表品种有广式月饼、梅花蛋糕、德庆酥、莲蓉酥角、椰蓉酥等。

3. 苏式糕点

苏式糕点以苏州地区为代表，受扬式糕点制作影响较大。品种以糕、饼较多，多是酥皮包馅类。馅料多用果仁、猪板油丁，用桂花、玫瑰花调香，口味重甜。使用较多的糖、油、果料和天然香料，油多用猪油，甜咸并重。主要代表品种有姑苏月饼、芝麻酥糖、杏仁酥、云片糕、八珍糕等。

4. 闽式糕点

闽式糕点以福州地区为代表，起源于福建的闽江流域及东南沿海地区，用料多选用本地特产，突出海鲜风味，带馅的品种多，也有不少糯米制品，口味甜中带咸，香甜油润，肥而不腻。主要代表品种有福建礼饼、猪油糕、肉松饼等。

5. 扬式糕点

扬式糕点起源于扬州和镇江地区。制作工艺与苏式基本相似，花色品种少些，品种上米制品较多，分喜庆和时令等品种。馅料以黑麻、蜜饯、芝麻油为主，麻香风味突出。造型美观，制作精细。主要代表品种有黑麻椒盐月饼、香脆饼、小桃酥、小麻饼等。其特点是口味、品种多样化，做工精细，形象逼真，质量考究，配料多用芝麻。烘烤时重视掌握火候，使产品的色泽和内质恰到好处。

6. 潮式糕点

潮式糕点以广东潮州地区为代表。由民间传统食品发展而来，总称为潮州茶食，可以分为点心和糖制食品两大类，糖、油用量大，馅料以豆沙、糖冬瓜、糖肥膘为主，葱香味突出。主要代表品种有老婆饼、春饼、冬瓜饼、潮州礼饼、蛋黄酥、猪油花生糖、潮州月饼等。

7. 川式糕点

川式糕点以成都、重庆地区为代表，品种以糯米制品、三仁制品（花生仁、核桃仁、芝麻仁）、瓜果蜜饯制品居多，用糖、油量大，但甜而适口，油而不腻，选料严格，工艺精细，形状繁多。主要代表品种有合川桃片、仁青麻糕、成都凤尾酥和米花糖等。

8. 宁绍式糕点

宁绍式糕点起源于浙江宁波、绍兴等地，米制品较多，面制品较少，辅料多用苔菜、植物油，海藻风味突出。主要代表品种有苔菜千层酥、苔菜饼、绍兴香糕、印糕等。

9. 沪式糕点

沪式糕点又名高桥式糕点，米制品居多，馅料以赤豆、玫瑰花为主。外形纯朴，色泽鲜明，糖和油用量少，风味淡。块小形美、色味俱佳。著名品种有松饼、薄脆、松糕、一捏酥等。

第二节 中式糕点成形方法

一、手工成形

中式糕点的手工成形技艺需要经过多个成形技法的组合运用，才能达到质量标准。基本的成形技法有揉、擀、卷、叠、摊、包、捏、剪、夹、按、抻、切、削、拔等。各地在成形技能上由于习惯的影响，存在着喜好差异，因而，技法上存在一定区别。

1. 擀、切成形

（1）擀面　先将和匀揉透的面坯搓成长条，用走锤擀成长方形薄皮，拍上干淀粉，用大面杖将面皮卷成筒，俗称上杖。双手按压住面筒向前推卷，并逐步向两边推移，如此数遍。再摊开排皮，上杖，重复操作，直至达到制品对面坯的厚薄要求。

（2）切面　可将排成大薄片的面皮拍上干淀粉后，卷成圆筒状或一正一反叠起，再用刀切成粗细均匀的条、丝后抖开。

2. 搓、揉、拧、抻成形

常用于特色品种，变化较为复杂，以花色品种居多。如抻面、盘丝饼、麻花、白糖饺等。搓、揉、拧、抻成形操作关键如下。

第一，抻面的面粉必须用筋质强、筋力大的特粉。条劲力不足时，可抹少许碱水增劲，以免断条。

第二，双手交叉，拧条旋转时，要注意前后交换方向，不要都朝一个方向拧。

第三，打扣双手协调，用力均匀，动作迅速，一气呵成。

3. 擀、折、叠、捏的成形

完成擀、折、叠、捏的成形操作关键如下。

第一，折叠部分要用适量的面粉或淀粉，防黏。

第二，折叠部分应保持坯皮对称均匀。

第三，捏合部分要干净或刷少许水捏紧，防止露馅。

第四，推捏手法灵巧，用力均匀，节奏一致。

二、器具成形

1. 模具成形方法

模具成形是在糕点制作成型过程中，运用某些特制的模具，使成品或半成品成为某种固定形态的一种成形方法。这种成形法的特点是使用方便，便于操作，能保证成品或半成品规格一致，形态美观，适用于大批量生产。

（1）模具的种类　模具可根据需要刻制成多种多样的花纹图案，如常用的鸡心、核桃、梅花、佛手、花形、鸟形、蝴蝶、鱼和虾等。由于各种品种的成形要求不同，模具种类大致可分为印模、套模、盒模、内模四类。

①印模　印模又叫印版模，它是按成品的要求将所需的形态刻在木板上，制成模具，即印版模。把坯料放入印版模内，即可按压出与印版模一致的图形。这种印模的花样、图案、形状多种多样，常用的有月饼模、龙凤金团模、桃酥模等。成形时一般常与包连用，并配合按的手法，如广式月饼制作时，先将馅心包入坯料

内，包捏后放入印模内按压成形。

② 套模　套模又叫套筒，它是用铜皮、铁皮或不锈钢皮制成的各种平面图形的套筒。成形时，用套筒将轻搭成平整坯皮的坯料，逐一套刻出规格一致、形态相同的成品或半成品，如糖酥饼、花生酥、小花饼干等。

③ 盒模　盒模是用铁皮或铜皮经压制而成的凹形模具或其他容器。它的形状、规格、花色很多，主要有长方形、圆形、梅花形、荷花形、盆形、船形等。盒模主要源于中式糕点民间小吃（稀糊状坯）的成形，同时，吸收了西点的制作方法。成形时将坯料放入模具中，经烘烤、油炸等方法成熟后，便可形成规格一致、形态美观的成品。它常与套模配合使用，也有同挤注或分坯连用的。常见的品种有蛋挞、布丁、水果蛋糕、萝卜丝油墩子等。

④ 内模　内模是用于支撑成品、半成品外形的模具，其规格、式样可根据品种形态要求制作。内模的设计应充分考虑脱模因素。常用的内模，有螺丝转、淇淋筒等。以上这些模具，都是作为一种成形方法中的各种借用工具，具体应按制品要求选用运用。

（2）成形的方法　模具成形的方法大致可分为生成形、加热成形和熟成形三类。

① 生成形　是将半成品放入模具内成形后取出，再熟制而成。如月饼。

② 加热成形　是将调好的坯料装入模具内，必须经熟制成形后取出。如蛋糕。

③ 熟成形　是将粉料或糕面先加工成熟，再放入模具中压印成形，取出后直接食用。如绿豆糕。

（3）操作关键

① 根据糕点品种要求选用适当的模具　模具都有本身固定的形态、规格，通过模具成形也是将制品在模具的限制下形成固定的形态和规格。如广式月饼模，有大小、形体、花纹等不同选择；饼干的套模、盒模更是花色多样。只有选用适当的模具，才能符合制品规格的要求。

② 抹油防粘方法　防粘是各种模具成形的保证。对模具的处

理好坏是不粘模的关键。不同的模具，处理方法稍有不同，冲口套模根据面坯的要求可用面粉或油防粘；盒模、内模常用于加热成型，制品容易在加热成熟时粘住模具，脱模时被损坏，模具刷油前一定要清理干净并烘烤加热，才能达到防粘的要求。

③ 装模适当　模具的填装也是非常讲究的，一是关系制品的规格、形态；二是关系成形质量。因此，不同的模具有不同的填装要求和方法，一般生成形、熟成形要求将坯按实、按平即可，主要做到不粘模加热成形则必须考虑加热成熟后制品将发生的变化，如膨松类制品应根据膨松度填装 6～8 成较为合适；松质糕类则要考虑蒸汽传递热能的因素，填装较为疏松。

2. 机器成形法

随着现代科学技术的进步和发展，机器将逐渐代替手工操作，机械越来越多。目前，用于糕点成形的常用机器主要有馒头机、酥皮机、压面机、制饼机等。

（1）馒头机　馒头机 1h 能生产出 50～100kg 面粉的馒头，每500g 面粉可制出 5～6 个馒头。机制馒头比手工制作的速度快、大小一致。由于机械揉出的剂子比手揉的紧密、均匀、透彻，所以制出的馒头比手工制出的馒头白净、有劲。

（2）压面机　压面机多用于面条的加工生产，使用很广泛，是中式糕点运用较早的机械。压面机可压面和切条。

（3）酥皮机　酥皮机又叫开酥机、起酥机等，多用于层酥面坯的制皮、开酥，也可用于发酵面坯的压制均匀，替代排制。

（4）制饼机　是用电将转动的滚子加热，再把事先和好的面坯放入滚轮上，通过加热的滚轮转动、压薄，制出成形成熟的饼。

三、装饰成形

1. 装饰材料选择

不同种类的糕点须选用不同的装饰材料，一般质地硬的糕点选用硬性的装饰材料，质地柔软的糕点选用软性的装饰材料。例如重奶油蛋糕可用脱水或蜜饯水果、果仁、糖冻等装饰，轻奶油蛋糕可用奶油膏装饰，海绵蛋糕和天使蛋糕可用奶油膏、稀奶油、果冻装饰。

（1）简易装饰　简易装饰就是仅用一两种装饰材料进行的一次

性装饰，操作简便、快速。如涂蛋装饰，在糕点表面上撒糖粉，摆放几粒果干或果仁，以及在糕点表面镶附一层巧克力等。仅使用馅料的夹心装饰也属于简易装饰。

（2）图案装饰　图案装饰是比较常用的装饰类型，一般需要使用两种以上的装饰材料，并通常具有两次以上的装饰工序，操作比较复杂，带有较强的技术性。如在制品表面抹上奶膏、糖霜等或裹上方登后再进行裱花、描绘、拼摆、挤撒或黏边等。大多西点的装饰都属于这类。

（3）造型装饰　造型装饰属于糕点的高级装饰，技术性要求更高。装饰时，将制品做成多层体、房屋、船、马车等立体模型，再进一步装饰；或事先用糖制品等做成平面或立体的小模型，再摆放在经初步装饰的糕点上（如蛋糕）。这类装饰主要用于传统高档的节日喜庆蛋糕和展品上。

2. 装饰方法

装饰方法可分为许多种，常见的有以下几种。

（1）涂抹法　涂抹法是将带有颜色的膏、泥、酱等装饰材料均匀地涂抹于制品的四周和表面进行装饰的方法，如中点中常将蛋液、油、糖浆、果酱等装饰材料刷在糕点表面，使之产生诱人的色泽。

（2）包裹法　包裹法就是将杏仁糖皮或普通糖皮等包在糕点的外表，彩色蛋糕经常用这种方法。

（3）拼摆法　拼摆法就是将各种水果、蜜饯、果仁、巧克力制品等直接拼摆在糕点表面上构成图案或在裱好的花上加以点缀的装饰方法，如水果塔的装饰等。

（4）模型法　模型法先用糖制品或巧克力等制作成花、动物、人物等模型，再摆放到糕点上。

（5）黏附法（蘸附法）　黏附法就是先在制品表面抹一层黏性装饰料或馅料（如糖浆、果酱、奶油膏、冻胶等），然后再接触干性的装饰料（如各种果仁、糖粉、巧克力碎粒、椰丝等），使其黏附在制品表面，装饰料黏附牢固，不易脱落。

（6）穿衣法　穿衣法就是将糕点部分或全部浸入熔化的巧克力或方登中，片刻取出，糕点外表便附上一层光滑的装饰料。

（7）盖印法　盖印法是用各种印章蘸上色素直接盖在糕点的表

面进行装饰，如中式糕点中的月饼等。

（8）撒粉法　撒粉法是一种在糕点表面撒上砂糖、食盐、糖粉、碎糕点屑、果仁等来装饰糕点表面的方法。如撒糖粉，先将砂糖磨成细粉，然后用各种形状的小物品放在糕点表面，撒上糖粉，再撒下这些小物品，则用糖粉装饰的表面图案就出来了，也可以将糖粉直接撒在糕点表面上。

第二章 中式糕点加工基础 ◄◄◄◄◄

一、中式面团调制分类

（1）水调面团类制品　水调面团是用水和小麦粉调制而成的面团。面团弹性大，延伸性好，压延成皮或搓条时不易断裂，因而也称为筋性面团或韧性面团。这种面团大部分用于油炸制品，如扬式馓子、京式的炸大排叉等。

（2）松酥面团类制品　松酥面团又称混糖面团或弱筋面团，面团有一定筋力，但比水调面团筋性弱一些。大部分用于松酥类糕点、油炸类糕点和包馅类糕点（松酥皮类）等。如京式冰花酥、广式莲蓉甘露酥、京式开口笑等。

（3）水油面团类制品　水油面团主要是用小麦粉、油脂和水调制而成的面团，也有用部分蛋或少量糖粉、饴糖、淀粉糖浆调制成的。面团具有一定的弹性、良好的延伸性和可塑性，不仅可以包入油酥面团制成酥层和酥皮包馅类糕点，也可单独用来包馅制成水油皮类和硬酥类糕点，南北各地不少特色糕点是用这种面团制成。如福建礼饼、春饼、京八件、苏八件、广式千层酥、京式酥盒子、广式莲蓉酥角等。

（4）油酥面团类制品　油酥面团是一种完全用油脂和小麦粉为主调制而成的面团，面团可塑性强，基本无弹性。这种面团不单独

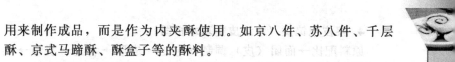

用来制作成品，而是作为内夹酥使用。如京八件、苏八件、千层酥、京式马蹄酥、酥盒子等的酥料。

（5）酥性面团类制品　酥性面团是在面团中加入大量的糖、油脂及少量的水以及其他辅料调制成的。这种面团具有松散性和良好的可塑性，缺乏弹性和韧性，半成品不韧缩，适于制作酥类糕点，如京式的桃酥、苏式的杏仁酥等，产品含油量大，具有非常酥松的特点。

（6）糖浆面团类制品　糖浆面团又称浆皮面团，是将事先用蔗糖制成的糖浆或麦芽糖浆与小麦粉调制而成的面团。这种面团松软、细腻，既有一定的韧性又有良好的可塑性，适合制作浆皮包馅类糕点，如广式月饼、提浆月饼和松脆类糕点（如广式的薄脆、苏式的金钱饼等）。

（7）发酵面团类制品　发酵面团是以面粉或米粉为主要原料调制成面团，然后利用生物疏松剂（酵母菌）将面团发酵，发酵过程会产生大量气体和风味物质。这种面团多用于发酵类和发糕类糕点，如京式缸炉、糖火烧、白蜂糕、广式伦教糕、酒酿饼等。

（8）米粉面团类制品　米粉面团是以大米或大米粉为主要原料调制成面团，该类制品如江米条、酥京果、苏式米枫糕、元宵、粽子、苏式八珍糕、片糕等。

（9）面糊类制品　面糊是原料经混合、调制而成，最终含水量比面团多，有较好的流动性，不像面团那样能揉捏或擀制。由面糊加工的品种有清蛋糕、油蛋糕等。

（10）其他面团（面糊）制品　上述各类制品以外的糕点。

二、中式糕点工艺流程

1. 酥类

原料配比→面团调制→分块→成形→装盘烘焙→冷却→成品。

2. 酥皮包馅类

原料配比→面团、馅料调制→包馅→成形→装饰→装盘→烘焙→冷却→成品。

3. 松酥类或松酥包馅类

原料配比→面团（皮）调制→包馅或不包馅→成形→烘焙→冷却→成品。

4. 浆皮包馅类（水油皮类基本相同）

原料配比→面团（皮）调制→包馅→成形→装盘→装饰→烘焙→成品。

5. 酥层类

原料配比→面皮调制、油酥调制→皮酥包制→成形→装饰→烘焙→冷却→成品。

6. 发酵类

原料配比→发酵面团调制→成形（或包馅成形）→烘烤→冷却→成品。

7. 烘糕类

原料配比→拌粉→装模→炖糕→成形→烘烤→冷却→成品。

8. （烤）蛋糕类

原料配比→调糊→装模→烘烤→脱模→冷却→成品。

第二节　中式糕点面团调制技术

一、水调面团

在面团调制中，水调面团可以说是最简单也是最不容易调好的一种面团。说简单是因为它只是用面粉与水拌和而成，说最不容易是因为这种面团在调制时，随着温度的不同，性质会发生不同的变化。如拉面和炸酱面，同样都是水调面团，但其特性差别很大。要掌握水调面团的这种变化规律，只要掌握了水的温度对面粉内部物质成分的影响，就可以根据其制品的需要而调制出所需的面团。

1. 水温对面粉内物质成分的影响

面粉内所含的化学成分主要是糖类、蛋白质和水，另外还有少量的脂肪、维生素、酶、矿物质等。其中，糖类的含量较高，约占面粉总量的70%～80%，主要是多碳链（包括直链和支链）的淀粉，占糖类总数量的99%，其他的多糖只占1%。由此可以看出，淀粉在面团调制中的作用很大。在常温条件下（30℃），淀粉不溶于水，吸水量很低，也无黏性。随着温度的升高，淀粉的吸水性逐渐升高，并逐渐膨胀，黏性增强，直至淀粉颗粒破裂糊化而变成黏性物质。

面粉内物质含量排在第二位的是蛋白质，平均含量 13％，这种物质在常温条件下吸水性很强，吸水量可以达到 15％，从而形成面筋。此时的面筋质量最好，弹性和延伸性最强。若低于常温，蛋白质的吸水量降低，质量就会下降。随着温度的升高，蛋白质的吸水量逐渐下降，面筋的质量下降，韧性、弹性和延伸性逐渐减弱，至 60℃时，则完全失去其性能。

除淀粉和蛋白质以外，面粉中含量较高的是水分，其他剩余成分对面团调制的影响甚微。因此，决定面粉性质的主要是淀粉和蛋白质。在常温情况下，淀粉无变化，只有蛋白质吸水形成面筋，面筋质量的好坏，直接影响到面团质量的好坏。因此，掌握影响面筋生成率的因素至关重要。

2. 影响面筋生成率的因素

（1）温度　温度对蛋白质有影响，从上面所述中我们可以看出其影响。

（2）用水量　在一定条件下，用水量越多，其面筋的生成率越高，其质量也越好；若调和面团时水的加入分次进行，蛋白质就有充分的机会吸水膨胀而形成面筋，从而增加了面团的筋力。

（3）饧放时间　一般情况下，质地正常的面粉（无虫害、鼠咬），其面筋的生成率随着面团饧放时间的延长而略有提高。因此，面团调好后习惯饧放一段时间，除可以使由于调制而处于紧张状态的面筋得到松弛之外，还可使由于调制时间短而没有吸到水的蛋白质充分吸水而形成面筋。但受过虫害的小麦面粉，由于蛋白质分解酶活性很强，其面筋的生成率随饧放时间的延长而越来越低。

（4）调和时间　在一定的调和时间内，调和时间偏长，会提高蛋白质相互接触的机会，这样有利于面筋生成率的提高；如果调和时间过长，面筋反复地延长超过其承受限度而遭破坏，这样反而降低了生成率。

（5）化学物品　如氯化钠、碱和硫酸铝等，只要用量适当，不仅能提高面筋的生成率，而且还能提高其质量。适量的氯化钠，因其渗透压在面团中能使蛋白质分子间的距离缩小，密度增大，加之又能使麦胶蛋白质黏性增强，因而有利于面筋的生成和提高。其他如糖和油脂等，只能降低蛋白质面筋的生成。一般的纯水调面团，不加入这些原料，在此不做详细解释。

了解了面筋的生成受哪些因素的影响，就可以根据制品所需面团性质的需要，做到灵活掌握。对面粉影响最大的是水的温度，也可以说水温的不同可以直接影响面团的性质。根据水温的不同把水调面团分成三类，分别为冷水面团、温水面团、热水面团。

3. 水调面团的调制及其原理

（1）冷水面团　简单地说就是面粉加入常温条件下的水而调制的面团。因为此时面粉中的面筋蛋白质没有受到任何的破坏，其性质能够得到充分的显示；但因淀粉不溶于水且吸水性和膨胀性都很差，因此面团内无空洞，体积不膨胀，劲大、韧性强，成品色洁白，爽口有咬劲，不易破碎。

冷水面团具体调制方法是经过下粉、掺水、拌、揉、搓等过程，调制时必须用冷水调制。冬天调制时，要用少量温水（30℃以下），调制出的面团才能好用，如夏季调制时，不但要用冷水，还要适当掺入少量的盐，因为盐能增强面团的强度和筋力，并使面团紧密，行业常说"碱是骨头，盐是筋"。加盐调制的面团色泽较白，冷水面团的密度要靠外力的揉力形成，用力揉搓，促进面粉颗粒结合均匀，揉到面团十分光滑，不粘手为止。加水一定要分次加入，防止吃不进而外溢。掺入水的多少，主要根据成品的要求而定，一般来说，用于做水饺的面，每 500g 加入 200～225mL 的水。从总体来看，面粉和水的比例约为 2：1，影响用水量的因素很多，如面粉本身的质量、空气湿度的大小、气候的冷暖等都要加以考虑。

为了使冷水面团充分发挥其特性，结合影响面筋生成率的几个因素，一般应注意以下问题。

① 掺水比例　夏季面粉含水量高，掺水要少；冬天较干燥，掺水要多。面较粗的掺水要少；较细的要多。根据制品要求，软的要多加水，硬的则少加。

② 面团要揉透　因为揉可以使水分分布均匀，使蛋白质充分吸水而提高其质量和数量。

③ 控制湿度　饧放时盖上湿布，以防落入脏物和干皮。

（2）热水面团　也称汤面，是用超过 60℃ 的水和面粉混合调制的面团。因为水的温度在 60℃ 以上，面粉中的蛋白质受到破坏而变性、凝固；淀粉此时受热水的作用而糊化，产生较大的黏性。

因此，热水面团性软糯、筋力差、可塑性强、易消化。热水面团和冷水面团相比，差异很大。因为热水面团所用的水温度高，和面时无法用手直接操作，一般是把面置于面板上或放入盆内，一边浇水，一边用擀面杖进行搅拌，直至搅透。另外，热水要一次加足，使面粉颗粒吸水均匀，决不能在面团调好后，再加水调和，否则面团达不到要求。面粉烫好后要摊开，散发热气，撒上冷水后进行揉面，若热气散不尽，做出的成品易结皮，表面粗糙，吃口也不软糯。面揉好后不可久饧，以防面团起劲，而影响制品质量。

热水面团的要求是黏、柔、糯，根据这一特点在调制过程中，注意热水要浇均匀，一般常用方法，就是把面粉摊在面板上，热水浇在面粉上，边浇边拌和，把面烫成一些疙瘩片，摊开散发热气后，适当浇点冷水和成面团。面团柔软的原因是因为面粉中的淀粉吸收热水后，膨胀和糊化的作用。也有把面粉放到盆里烫面的，不管面放在什么地方烫，主要是掌握好烫熟的程度，才能制出好品种来。如果烫好的面团硬了应补加热水揉到软硬适宜为止。如果面烫软了应补充些干面粉，否则会影响质量。行业中把烫面的程度称为"三生面""四生面"。"三生面"就是说，十成面当中有三成是生的，七成是熟的。"四生面"就是生面占 4/10，熟面占 6/10，一般制品大约都在这两个比例之中，如烧卖、蒸饺、韭菜合子等都采用此类面团。如遇到特殊高筋面粉就应该把烫熟的成分加大。

（3）温水面团　温水面团，是利用温水（50℃）和面粉调制而成的面团。面粉中的蛋白质受水温的影响，与水结合形成面筋的能力降低，淀粉的吸水量也有所增加，但还没有达到完全的膨胀糊化阶段，所以导致温水面团色白而有一定的韧性。筋力比冷水面团差但又大于热水面团，并富有可塑性，使制作的成品不易走样，适宜做花色蒸饺。

调制方法大体和冷水面团做法相同，但水温要准确，50℃水温左右适宜，不能过高和过低。过高会引起粉粒黏结，达不到温水面团所应有的特点；过低则不膨胀，也达不到温水面团的特点。只有掌握在 50℃左右才能调制出符合要求的温水面团，因为温水面团里有一定的热气，所以要等面团中的热气完全冷却后，再揉和成面团盖上湿布待用，此种面团适合制作花色蒸饺，制出的饺子不易变形。

二、水油面团

水油面团主要是用小麦粉、油脂和水调制而成的面团，为了增加风味，也有用部分蛋或少量糖粉、饴糖、淀粉糖浆调制成的。面团具有一定的弹性，良好的延伸性和可塑性，不仅可以包入油酥面团制成酥层类、酥皮包馅类糕点（如京八件、苏八件、千层酥等），也可单独用来包馅制成水油皮类、硬酥类糕点（如京式自来红月饼、自来白月饼、福建礼饼、奶皮饼等），南北各地不少特色糕点是用这种面团制成的。

1. 典型配方

水油面团配方见表2-1。

表 2-1　水油面团配方　　　　　　　单位：kg

糕点名称	面粉	水	油脂	蛋	砂糖	淀粉糖浆	其他
京八件	100	50	45	—	—	—	—
广式冬蓉酥（皮）	100	40	25	—	—	10	冬蓉
广式莲蓉酥	100	30	30	—	—	—	莲蓉
小胖酥	100	32	18	27	6.8	—	莲蓉

2. 调制原理及方法

水油面团按加糖与否分为无糖水油面团和有糖水油面团，糖的添加主要是为了使表皮容易着色和改善风味。水油面团按其包馅方式又可分为两种，一是单独包馅用的水油面团，面团延伸性好，有时也称延伸性水油面团；二是包入油酥面团制成酥皮再包馅，面团延伸性差，有时也称弱延伸性水油面团。另外，熟制方式不同，水油面团也有差异，用于焙烤的筋力强些，用于油炸的筋力差些。

目前，水油面团的调制根据加水的温度主要有以下三种方法。

（1）冷水调制法　首先搅拌油、饴糖，再加入冷水搅拌均匀，最后加入面粉，调制成面团。用这种面团生产出的产品，表皮浅白，口感偏硬，酥性差，酥层不易断脆。

（2）温水调制法　将40～50℃的温水、油及其他辅料搅拌均匀，加入面粉调制成面团。这种面团生产的糕点，皮色稍深，柔软酥松，入口即化。

（3）热、冷水分步调制法　这是目前国内调制水油面团普遍采用的方法。首先将开水、油、饴糖等搅拌均匀，然后加入面粉调成块状，摊开面团，稍冷片刻，再逐步（分 3～4 次）加入冷水调制。继续搅拌面团，当面团光滑细腻并上筋后，停止搅拌，用手摊开面团，静置一段时间后备用。采用这种方法，淀粉首先部分糊化调成块状，由于其中油、糖作用，后期加入的冷水使蛋白质吸水膨润受到一定限制，所以最后调制出的面团组织均匀细密，面团可塑性强。生产出的糕点表皮颜色适中，口感酥脆不硬。

调制水油面团，小麦粉、水和油比常常为 1：（0.25～0.5）：（0.1～0.5），油的用量是由小麦粉的面筋含量决定的。面筋含量高的小麦粉应多加油脂，反之则少加油脂。一般油脂用量为小麦粉用量的 10%～20%，个别品种可达 50%。大部分水油面团的加水量占小麦粉的 40%～50%，油脂用量多，则水少加，反之多加。加水方法对水油面团的性能有一定影响，一般延伸性水油面团需要分次加水，便于形成较多的面筋，弱延伸性水油面团不需形成太多的面筋，则可一次加水。另外，加水温度应根据不同水油面团的要求、季节、气温变化来确定。如热、冷水分步调制法，夏季适宜水温为 60～70℃，冬季为 80～90℃。

另外，其他辅料如鸡蛋、饴糖等对水油面团调制也有一定作用。水油面团中加入鸡蛋的目的是利用蛋黄的乳化性，可使水、油均匀乳化到一起。由于饴糖中含有糊精，具有较大黏度，加入饴糖也能起到乳化油和水的作用。大部分水油面团不用蛋、糖，由于搅拌水和油不易乳化均匀，可加入少量面粉调成糊状使之乳化。

三、油酥面团

油酥面团是一种完全以油脂和小麦粉为主调制而成的面团，即在小麦粉中加入一定比例的油脂，放入调粉机内搅拌均匀，然后取出分块，用手使劲擦透而成，所以也称擦酥面团。面团可塑性强，基本无弹性。这种面团不单独用来制作成品，而是作为内夹酥使用。油酥面团是起酥类制品所用面团的总称。它分为层酥面团和混酥面团两大类。所谓起酥面团是指由水油面团（即水、油、面混揉而成的面团）和干油酥面团（即只用油脂和面粉揉制成的面团）构成。其代表品种为龙眼酥、菊花酥、水晶酥等。

酥皮类糕点皮料多用水油面团包入油酥面团，酥层类糕点的皮料还可使用甜酥性面团、发酵面团等，能使糕点（或表皮）形成多层次的酥性结构，使产品酥香可口，如酥层类糕点的广式千层酥等的酥料，酥皮类糕点的京八件、苏八件等的酥料。

1. 典型配方

油酥面团配方见表 2-2。

表 2-2　油酥面团配方

单位：kg

糕点名称	面粉	油脂	其他
京八件（酥料）	100	52	—
广式莲蓉酥（酥料）	100	50	着色剂少许
京式百果酥皮（酥料）	100	50	—
宁绍式千层酥（酥料）	100	50	—

2. 调制原理及方法

油酥面团的用油量一般为小麦粉的 50% 左右，面团中严禁加水，以防止面筋形成。油与面粉混合后，由于面粉不能吸水，不形成面筋，油吸附在面粉颗粒表面形成松散性团块，面团酥松柔软，可塑性强，软硬度与皮料相当，以利于包酥。首先将小麦粉和油脂在调粉机内搅拌约 2min，然后将面团取出分块，用手使劲擦透，防止出现粉块，这种面团用固态油脂比用液态油脂好，但擦酥时间要长些，液态油脂擦匀即可。面粉适宜用薄力粉，而且粉粒要求比较细。

调制时，油酥面团严禁使用热油调制，防止蛋白质变性和淀粉糊化，造成油酥发散。调制过程中严禁加水，因为加入水后，容易形成面筋，面团会硬化而严重收缩；再者容易与水油面皮联结成一体，不能形成层次；产品经焙烤后表面发硬，失去了酥松柔软的特点。油酥面团存放时间长要变硬，使用前可再擦揉 1 次。

四、酥性面团

酥性面团是在小麦粉中加入大量的糖、油脂及少量的水以及其他辅料调制成的。这种面团具有松散性和良好的可塑性，缺乏弹性和韧性，半成品不韧缩，适合于制作酥类糕点，如京式的桃酥、苏式的杏红酥等,产品含油量大,具有非常酥松的特点。产品不仅油、糖含量大,而且具有各种果仁,表面呈金黄色,并有自然裂开的花纹,裂纹凹处色泽略浅。产品组织结构极为酥松、绵软,口味香甜,口感油润,入口易碎,大多数产品不包馅。生产工艺简单,便于机械化生产,产量高,是中式糕点大量生产的主要品种之一。

1. 典型配方

酥性面团配方见表2-3。

表 2-3　酥性面团配方　　　　单位:kg

糕点名称	面粉	油脂	砂糖	鸡蛋	核桃仁	桂花	水	疏松剂	其他
桃酥	100	50	48	9.0	10	5	适量	1.2	——
吧啦饼	100	50	50	6	10	5	16~18	1.5	瓜仁1
杏仁酥	100	47	42	—	—	—	适量	1.1	杏仁1

2. 调制原理及方法

酥性面团的特点是油、糖用量特别高,一般小麦粉、油和糖的比例为1:(0.3~0.6):(0.3~0.5),加水量较少。面粉要求使用薄力粉,而且面粉颗粒较粗一些为好,因为粗颗粒吸水慢,能增强酥性程度。

面团调制的关键在于投料顺序,首先进行辅料预混合,即将油、糖、水、蛋放入调粉机内充分搅拌,形成均匀的乳浊液后,再加入疏松剂、桂花等辅料搅拌均匀。最后加入小麦粉搅拌,搅拌时以慢速进行,混合均匀即可,要控制搅拌温度和时间,防止形成大块面筋。

由于酥性面团调制是先辅料预混合,最后加入面粉,因油脂界面张力大,能均匀地分布在面粉颗粒表面,形成一层油脂薄膜,阻止了面筋蛋白质进一步吸水膨润;再者加水量很少,而且先与油、糖、蛋等形成乳化状态,而不是与小麦粉直接接触,由于水、大量糖、油脂、蛋等形成的乳浊液对面筋蛋白质产生反水化作用,阻止水分子向蛋白质胶粒内部渗透,大大降低了蛋白质的水化和膨润能力,使蛋白质之间的结合力降低,面筋的形成大受限制,因而面团具有较好的可塑性和极小的弹性,内质疏松而不起筋。为了使调制出的酥性面团真正达到酥性产品的要求,调制时必须注意以下几点。

（1）辅料预混合必须充分乳化，乳化不均匀会出现浸油、出筋等现象。

（2）加入面粉后，要控制好搅拌速度和搅拌时间，尽可能少揉搓面团，均匀即可，防止起筋。

（3）控制面团温度不要过高，温度过高，面粉会加速水化，容易起筋，也容易使面团走油，一般控制在 20～25℃较好。

（4）调制好的酥性面团不需要静置，应立即成形，并做到随用随调。如果放置时间长，特别在夏季室温高的情况下，面团容易出现起筋和走油等现象，使产品失去酥性特点，质量下降。

五、糖浆面团

面团（面糊）的调制就是指将配方中的原料用搅拌的方法调制成适合于各种月饼加工所需要的面团或面糊。面团调制目的是使各种原料混合均匀，发挥原材料在糕点制品中应起的作用；改变原材料的物理性质，如软硬、黏弹性、韧性、可塑性、延伸性，以满足制作月饼的需要，便于成形操作。

月饼的种类繁多，各类月饼的风味和质量要求存在很大差异，因而面团（糊）原理及方法各不相同，下面主要讲述糖浆面团的调制。

糖浆面团是将事先用蔗糖制成的糖浆或麦芽糖浆与小麦粉调制而成的面团。这种面团松软、细腻，既有一定的韧性又有良好的可塑性，适合制作浆皮包馅类月饼，如广式月饼、提浆月饼，以及松脆类糕点（如广式的薄脆、苏式的金钱饼等）。

糖浆面团可分为砂糖浆面团、麦芽糖浆面团、混合糖浆面团三类。以这三类面团制作的月饼，生产方法和产品性质有显著区别，以砂糖浆面团制成的糕点比较多。砂糖浆面团用砂糖浆和小麦粉为主要原料调制而成的，由于砂糖浆是蔗糖经酸水解产生转化糖而制成的，加上糖浆用量多，制作浆皮类糕点时约占饼皮的 40% 左右，使饼皮具有良好的可塑性，柔软不裂，并且在烘烤时易着色，成品存放 2 天后回油，饼皮更为油润。麦芽糖浆面团是以小麦粉与麦芽糖为主要原料调制而成的，用它加工出的产品特点是色泽棕红、光泽油润、甘香脆化。混合糖浆面团是以砂糖糖浆、麦芽糖浆等与小

中式糕点生产工艺与配方

麦粉为主要原料调制而成的,用这种面团加工出的产品,既有比较好的色泽,也有较好的口感。

1. 典型配方

糖浆面团配方见表2-4。

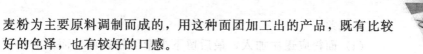

表2-4　糖浆面团配方　　　　　　　单位:kg

品种 \ 原料	面粉	砂糖	饴糖	水	疏松剂	油
提浆月饼	100	32	18	16	0.3	24
广式月饼	100	80(糖浆)	—	2(碱水)	—	24
鸡仔饼	100	20	66	1(碱水)	—	20
甜肉月饼	100	40	5	15		21

2. 调制原理及方法

制作不同品种的糖浆面团,其糖浆有不同的制作方法,即使同一品种,各地的糖浆制法也有差异。

(1) 机械调制方法　首先将糖浆放入调粉机内,加入水、疏松剂等搅并均匀,加入油脂搅拌成乳白色悬浮状液体。再逐次加入面粉搅拌均匀,面团达到一定软硬度,撒上浮面,倒出调粉机即可。搅拌好的面团应该柔软适宜、细腻、不浸油。由于糖浆黏度大,增强了对面筋蛋白的反水化作用,使面筋蛋白不能充分吸水胀润,限制了面筋大量形成,使面团具有良好的可塑性。

(2) 手工调制方法　首先面粉过筛,置于台上,中央开膛,倒入加工好的糖浆,先与碱水兑匀,再放油搅和,逐步拌入面粉,拌匀后搓揉,直致皮料软硬适度,皮面光洁即可。

3. 调制糖浆面团注意问题

(1) 糖浆必须冷却后才能使用,不可使用热浆。

(2) 糖浆与水(碱水等)充分混合,再加入油脂搅拌,否则成品会起白点。对于使用碱水的糕点,一定控制好用量。碱水用量过多,成品不够鲜艳,呈暗褐色;碱水用量过少,成品不易着色。

(3) 在加入小麦粉之前,糖浆和油脂必须充分乳化。如果搅拌时间短,乳化不均匀则调制的面团发散,容易走油、粗糙、起筋,工艺性能差。

（4）面粉应逐次加入，最后留下少量面粉以调节面团的软硬度，如果太硬可增加些糖浆来调节，不可用水。

（5）面团调制好以后，面筋胀润过程仍继续进行，所以不宜存放时间过长（在 30～45min 成形完毕），时间拖长面团容易起筋，面团韧性增加，影响成品质量。

4. 糖浆、油脂用量对成品质量的影响

在饼皮中如果转化糖少于 75%，会出现面团的黏稠度降低，面团发糟、发脆，易变形、开裂、露馅，致使月饼不易回油，不易回软。如果糖浆用量过多，会使面团柔软性和流变性过分增加，造成月饼表面花纹模糊不清。如果油脂用量过多，会使月饼饼皮产生泻油现象，造成月饼饼皮和馅料之间分离和脱落。

六、米粉面团

米粉面团的调制方法主要有以下几种。

1. 打芡面团

选用糯米粉，取总量 10% 的糯米粉，加入总量 20% 的水捏和成团，再制成大小适宜的饼坯。在锅中加入总量 10% 的水，加热至沸腾后加入制好的饼坯，边煮边搅，煮熟后备用，这一过程称为打芡或煮芡。有的品种是将制好的饼坯与糖浆一起煮制打芡。将煮芡与糖一起投入调粉机内搅拌，糖全部溶化均匀后，再加入剩余的糯米粉，继续搅拌调成软硬合适的面团。这种面团多用于油炸类糕点，如江米条、酥京果等。

2. 水磨面团

将粳米或籼米除杂，洗净浸泡 3h，水磨成浆，装入布袋中挤压出一部分水备用。按配方取出 25% 米粉浆，加入 0.8% 左右的鲜酵母，发酵 3h 后进入下道工序，该面团可制作藕筒糕等蒸制类糕点。如果不需发酵，先将糯米除杂洗净，浸泡 3～5h 水磨成浆，沥水压干，然后与糖液搅拌而成。

3. 烫调米粉面团

将糯米糕粉、砂糖粉等原料用开水调制而成的面团。因为糕粉已经熟制，再用沸水冲调，糕粉中的淀粉颗粒遇热大量吸水，充分糊化，体积膨胀，经冷却后形成凝胶状的韧性糕团。这种面团柔软，具有较强的韧性。

4. 冷调米粉面团

首先将制好的转化糖浆、油脂、香精等投入调粉机中混合均匀，再加入糯米粉充分搅拌，有黏性后加入冷水继续搅拌，当面团有良好的弹性和韧性时停止搅拌。当加入冷水时，糕粉中的可溶性 α-淀粉大量吸水而膨胀，在糖浆作用下使糕粉互相连接成凝胶状网络。调制中可分批加水，使面团中淀粉充分吸水膨润，降低面团黏度，增加韧性和光泽。多用于熟粉制品，如苏式的松子冰雪酥、清凉酥，闽式的食珍橘红糕等。

七、发酵面团

发酵面团是以面粉或米粉为主要原料调制成面团，然后利用生物疏松剂（酵母菌）将面团发酵，发酵过程会产生大量气体和风味物质。这种面团多用于发酵类和发糕类糕点，如京式缸炉、糖火烧、光头、白蜂糕、广式伦教糕、酒酿饼等。发酵面团制作利用酵母菌的方式有三种，一是利用空气中浮游的酵母菌；二是利用酿酒的曲；三是利用酵母（鲜酵母、干酵母、高活性干酵母）。前两种是我国传统的方法，操作方便，简单易行，但有许多缺点。目前，我国酵母生产已有一定规模，酵母具有活性强、发酵快、稳定性好、易储存、无损失浪费等特点，在发酵面团制作中逐渐被认识和使用。

发酵方法有一次发酵法、二次发酵法等，应根据品种的特点而采用。发酵类糕点的配方见表2-5。

表2-5　发酵类糕点配方　　　　　　　　　　单位：kg

原料 品种	面粉	猪油	砂糖	桂花	水	其他
切边缸炉	100（一次发酵）	26	32	0.12	55～60	—
糖火烧	100（一次发酵）	—	—	—	55～60	—
光头	100（20%发酵）	10	31	0.1	55～60	奶油5、牛乳13
白蜂糕	100（二次发酵）	—	40	0.15	55～60	青红丝0.5、 瓜仁0.5、杏仁0.5

八、松酥面团

松酥面团又称混糖面团或弱筋面团，面团有一定筋力，但比水调面团筋力弱一些，大部分用于松酥类糕点、油炸类糕点和包馅类糕点（松酥皮类）等，如京式冰花酥、广式莲蓉甘露酥、京式开口笑等。

1. 典型配方

松酥面团配方见表2-6。

表2-6　松酥面团配方　　　　　　　　　单位：kg

原料 糕点名称	面粉	砂糖	油脂	鸡蛋	糖浆	水	疏松剂	其他
枣泥酥	100	30	21	8	30	5	0.1	枣泥5
开口笑（皮）	100	26	12	10	20	5	—	—
冰花酥	100	30	18	10	12	5	0.5	—
莲蓉甘露酥（皮）	100	60	45	20	1	7	1	莲蓉5

2. 调制方法

将糖、糖浆、鸡蛋、油脂、水和疏松剂放入调粉机内搅拌均匀，使之乳化形成乳浊液，再加入面粉，继续充分搅拌，形成软硬适宜的面团。面团调制时，由于糖液的反水化作用和油脂的疏水性，使面筋蛋白质在一定温度条件下，部分发生吸水胀润，限制了面筋大量形成，使调制出的面团既有一定的筋性，又有良好的延伸性和可塑性。

第三节　中式糕点糖浆制作

转化糖浆是制作中式糕点，特别是广式月饼最重要的液体原料之一。各地食品厂煮制转化糖浆方法不同，月饼返油和回软速度快慢就不同。要煮制出回油速度快、回软快的的转化糖浆，就要掌握熬制糖浆的基本理论知识，下面进行简单阐述。

一、糖浆转化原理

熬制得到的糖浆是"转化糖浆",人们习惯称它为糖稀,其实就是饴糖。制取糖浆的过程称为熬糖或熬浆。

熬制糖浆的原料常常使用的是白砂糖或绵白糖,其主要成分是蔗糖。熬浆时,随着温度逐渐升高,在水分子和柠檬酸的作用下,蔗糖发生水解生成葡萄糖和果糖。两种产物合称转化糖,熬制出的糖浆为转化糖浆,这种变化过程称为转化作用。糖的转化程度对糖的结晶返砂有重要影响。因为转化糖不易结晶,所以转化程度越高,能结晶的蔗糖越少,糖的结晶作用也就越低。酸可以催化糖的转化反应,葡萄糖的晶粒细小,两者均能抑制糖的结晶返砂,或者得到细小结晶,使制品细腻光滑。糖易溶于水而形成糖溶液。常温下,1份水可溶解2份糖形成饱和溶液。在加热条件下,糖液中的糖量甚至可达到水量的3倍以上,形成过饱和溶液。当它受到搅动或经迅速冷却放置后,糖会发生结晶从溶液中析出,俗称返砂,所以有时需要克服这种结晶返砂现象。

二、熬糖浆技术

1. 糖水比例

根据生产实践经验,要制备高质量的转化糖浆,就必须使用足量的水。即糖和水比例为100:(50~60)相对合适。水量相对越充足,就越允许煮制时间长点,使蔗糖转化成葡萄糖和果糖就越充分,即糖浆转化率越高,月饼的回油、回软效果越好。因此,一些老字号月饼厂都喜欢多加水。不少厂家之所以做不好广式月饼,就是在煮制转化糖浆时,加水量太少,一般糖水比例为100:(35~40)。很明显,加水量过少,造成煮制时间太短,蔗糖无法充分转化。用这样的转化糖浆制作的月饼难以充分回油和回软。

2. 柠檬酸用量

想熬制糖浆效果好,除了加水充足之外,还必须加入适量的酸性物质。酸性物质是蔗糖的转化剂,它能加快蔗糖的转化速度。无机酸转化能力强,但操作危险大,制出的糖浆颜色、风味较差,故很少使用。目前,一般都使用有机酸。在柠檬酸、酒石酸、醋酸、苹果酸、乳酸等有机酸中,酒石酸是最理想的转化剂。但在实际生产中，考虑到价格、来源等因素，目前全国各地普遍使用柠檬酸作为蔗糖的转化剂。广东等一些南方厂家有用新鲜果汁（如菠萝汁、柠檬汁等）来煮制转化糖浆的习惯。柠檬酸的使用量，以蔗糖作为添加基准，一般为 0.05%～0.1%。柠檬酸使用量一般不宜过多，加酸过多会使转化糖浆太酸，烘焙时月饼不易着色。酸性物质在较低的温度下对蔗糖的转化作用较慢，而在糖液煮沸以后转化作用较好。因此，制备转化糖浆时，柠檬酸一定要在糖液煮沸以后的 105～106℃时再加入。使用淀粉糖浆时如果加入过早，由于其含有杂质较多，在煮制时会产生大量泡沫而外溢。同时，淀粉糖浆中含有的糊精在长时间高温煮制下会焦糖化反应，使糖浆的颜色加深，质量下降。

3. 熬制温度和时间

（1）熬制温度　一般在 115～120℃。熬制温度过低，蔗糖的转化速度较慢甚至很难转化，这是造成月饼干硬不柔软的最主要原因。熬制温度过高，特别是达到 140℃以上，会造成糖浆颜色过深，甚至焦化。

（2）熬制时间　熬制时间与糖水比例有直接关系，也是影响蔗糖转化率的主要因素。加水量少时，熬制时间就短；加水量多时，熬制时间就长，有利于提高蔗糖的转化率，保证转化糖浆的质量。通常情况下，当糖∶水＝100∶（50～60）时，熬制时间可长达 5～6h，一般不能少于 3～4h。

4. 加热容器

过去大多使用铜锅或铁锅，现在大多使用能控制温度的夹层锅，确保温度在 115～120℃，防止温度波动。

5. 转化糖浆的浓度对月饼质量的影响

转化糖浆的浓度至关重要，糖浆浓度是决定面团软硬度和加工工艺性能的重要因素，而水又是调节糖浆浓度的主要成分。糖浆浓度一般为 75%～82%。转化糖浆的浓度越高，回软效果越好，以 85% 的糖浆浓度较宜。如果转化糖浆浓度过高，极易使饼皮发黏，成形困难，影响淀粉的彻底糊化，影响月饼的口感和品质，造成月饼成品结构过软，易流散变形，表面出现不正常的皱纹和裂口。如果转化糖浆浓度过低，调制面团时易形成面筋，增强面团的韧性，会使月饼产品坚硬、收缩变形。

6. 转化率

转化率是指糖浆中蔗糖转化成葡萄糖和果糖的百分率。正常的转化率为 75%。转化率越低，葡萄糖和果糖的生成量越少，月饼越不易回油、回软，就越干硬；转化率越高，葡萄糖和果糖的生成量就越多，月饼越易回油、回软。但转化率也不易过高，否则，易造成月饼结构软弱、变形。

7. 储藏时间

转化糖浆应提前几个月制好，储藏一段时间使用，使制作月饼的转化糖浆转化率达到 75%。

三、熬制糖度变化

糖浆在熬制过程中，其内部会发生微妙的变化。糖浆浓度和沸点呈一定的对应关系。可以用温度计和糖度计正确测定糖浆的温度和浓度，还可以由糖浆的物理特征来判断糖浆的温度及浓度，从而掌握是否已达到所要求的温度。

100℃，糖度为 20°Bx，如果糖液表面起泡时，应将泡沫捞掉。

102℃，糖度 25°Bx，将糖液滴在食指上，然后用拇指按一下，再放开手指，此时拉出的糖丝比较短。

103℃，糖度 30°Bx，两手指间的糖丝较硬，丝也较长。

105℃，糖度 33°Bx，用手感法测试，则拉出的糖丝较硬且长。丝断后，落在手指上成一圆珠。

106℃，糖度 35°Bx，两指间的糖丝能拉得更长。

108℃，糖度 37°Bx，糖浆中有气泡冒出，且又大又圆。

112℃，糖度 38°Bx，用手指测定时，应先将食指在水中蘸一下，再滴少量糖浆在手指上，并迅速伸进水中。此时手指尖上还粘有少量糖浆。

115℃，糖度 39°Bx，滴在手指上的糖浆，会很快地变成球状。这种糖浆可用以加工速溶糖。

118~121℃，糖度 40~41°Bx，糖浆表面会冒出更多的气泡。冷水中浸过的手指蘸点糖浆并迅速伸进水中，则这种糖浆会马上变成较坚硬的块状物。这种糖浆可用于奶油夹心烤蛋白类糕点。

125℃，为正确测定起见，以后停止使用糖度计测定，只用温度计测定。糖浆更浓，用在冷水中浸过的手指取一点观察，发现其在冷却过程中，可来回弯曲，并且可以稍微将其拉长点。

125～145℃，糖浆离火后，马上凝固变硬，且粘牙不弯曲，用手折时多少要用点劲。

150～180℃，糖浆表面会出现美丽的淡黄色色泽，并随温度升高由浅变深，空气中也会弥漫着一股香甜味。此时的糖浆可用于制作糖衣杏仁。

第三章　中式糕点原辅料 ◂◂◂◂

第一节　主要原料

一、小麦粉

面粉是用小麦经过清理除杂、润麦、制粉、配粉等工艺磨制而成的。根据不同的分类标准，划分为不同的面粉种类。根据用途可以将食品用面粉分成三大类，即通用小麦粉（通用粉）、专用小麦粉（专用粉）和营养强化面粉（配合粉）。

通用粉的食品加工用途比较广，习惯上所说的等级粉和标准粉就是通用粉；专用粉是按照制造食品的专门需要而加工的面粉，品种有低筋小麦粉、高筋小麦粉、面包粉、饼干粉、糕点粉、面条粉等；配合粉是以小麦粉为主根据特殊目的添加其他一些物质而调配的面粉，主要包括营养强化面粉、预混合面粉等。

1. 通用粉

通用小麦粉可以制作一种或多种一般性的食品，适用范围广。根据 GB 1355《小麦粉》的分类，小麦粉分成特制一等粉、特制二等粉、标准粉和普通粉 4 个等级。不同等级面粉的差别主要在于加工精度和灰分指标方面。标准粉是出粉率比较高（80%～85%）、加工精度比较低的面粉。一般将加工精度高于标准粉的各个等级的小麦粉称为等级粉。

2. 专用粉

通用小麦粉不可能同时完全满足各种面制食品对面粉的各种要求，于是，出现了各种专用小麦粉。专用粉是相对通用粉而言，它是针对不同面制食品的加工特性和品质的要求而生产的。

专用粉的种类很多，各种专用粉的主要差别在于面粉中面筋的数量和质量不同。通常，专用粉可按面筋（或蛋白质）含量的多少分为三种基本类型。

（1）强力粉（高筋粉）　湿面筋含量在 35％以上或蛋白质含量为 12％～15％的面粉称为强力粉，适合于制作面包、松饼等。

（2）中力粉（中筋粉）　湿面筋含量在 26％～35％或蛋白质含量为 9％～11％的面粉称为中力粉，适合于制作水果蛋糕、派、肉馅饼等。

（3）薄力粉（低筋粉）　湿面筋含量为 26％以下或蛋白质含量为 7％～9％的面粉称为薄力粉，适合于制作饼干、蛋糕和大多中式糕点等，月饼专用粉属此类面粉。

专用小麦粉按用途不同可分为面包类小麦粉、面条类小麦粉、馒头类小麦粉、饺子类小麦粉、饼干类和糕点类小麦粉、煎炸类食品小麦粉、自发小麦粉、营养保健类小麦粉、冷冻食品用小麦粉、预混合小麦粉、颗粒粉。

3. 配合

小麦粉是人们食物结构的主要组成部分，也是人体营养的主要来源。虽然小麦粉中含有人体所需的各种营养成分，但由于小麦和小麦粉的营养含量不等，以及在加工过程中营养素的损失，加之人体所需的营养素是多方面的，因此，需要向小麦粉内添加其含量不足或缺乏的营养成分，以提高面粉的营养价值，这个过程称为面粉的强化。经过添加外来营养成分的小麦粉称为营养强化小麦粉。

二、米粉

米粉是用籼米、粳米或糯米等制成的。

1. 米粉分类

（1）干磨粉　干磨粉是指将各类米不经加水，直接磨成的细粉。优点是含水量少、保管方便、不易变质，缺点是粉质较粗，制成的成品滑爽性差。

（2）湿磨粉　用经过淘洗、着水、静置、泡涨的米粒磨制而成。优点是粉质比干磨粉细软滑腻，吃口较软糯，缺点是含水量多、难保存。

（3）水磨粉　以糯米为主（占 80%～90%），掺入 10%～20% 粳米，经淘洗、净水浸透，连水带米一起磨成粉浆，然后装入布袋，挤压出水分而成水磨粉。优点是粉质比湿粉更为细腻、制品柔软、吃口滑润，缺点是含水量多、不易保存。

米粉的软、硬、糯程度，因米的品种不同差异很大，如糯米的黏性大、硬度低，制成品口味黏糯，成熟后容易坍塌；籼米的黏性小、硬度大，制成品吃口硬实。为了提高成品质量，扩大粉料的用途，便于制作，使制成品软硬适中，需要把几种粉料掺和使用。

掺和比例要根据米的质量及制作品种而定，经常使用的掺粉方法有三种。第一种是糯米粉、粳米粉掺和，掺和比例一般是糯米粉 60%、粳米粉 40%，或者糯米粉 80%、粳米粉 20%，其制品软糯、润滑。第二种是将适量的米粉和面粉掺和，如糯米粉和面粉，因粉料中含有面筋质，其性质黏滑而有劲，做出的成品不易走样。第三种是糯米粉、粳米粉再加部分面粉掺和成三合粉，其粉质糯实，成品不易走形。还有的在磨粉前，将各种米按成品要求，以适当比例掺和在一起，一起磨成混合粉料。

2. 糕类粉团调制

一般冰皮月饼原料采用米粉，有的称糕粉。所调制的面团称糕类粉团。

糕类粉团是指以糯米粉、粳米粉、籼米粉加水或糖（糖浆、糖汁）拌和而成的粉团。糕类粉团一般可分为松质粉团、黏质粉团、加工粉团三类。

（1）松质粉团　松质粉团是由糯、粳米粉按适当的比例掺和成粉，加水或糖（糖浆、糖汁）拌和成的松散的粉团，采用先成形后成熟的工艺顺序调制而成。松质粉团制品的特点是多孔、松软，大多为甜味品种。松质粉团根据添加清水或糖浆的区别，又分为两种，用清水拌和的叫白糕粉团，用糖浆拌和的叫糖糕粉团。

① 白糕粉团

工艺流程：糯米粉＋粳米粉＋清水→拌扮→静置→夹粉→白糕粉团。

操作要点：加入水与粉拌和，使米粉颗粒能均匀地吸收水分，此过程称为拌粉。拌粉是关键，粉拌得太干，则无黏性，不易包馅，熟制时易被冲散，影响外观；粉拌得太烂，则黏糯无空隙，熟制时蒸汽不易上冒，出现中间夹生的现象，成品不松散柔软。因此，在拌粉时应掌握好掺水量。干磨粉掺水量不能超过 40%，湿磨粉的掺水量不超过 25%～30%，水磨粉一般不需掺水，加些粳米粉即可。同时掺水量还要根据粉料品种调整，如粉料中糯米粉多，掺水量要少一些；粉料中粳米粉多，掺水量要多一些。

还要根据各种因素灵活掌握，如加糖拌和水要少一些；粉质粗掺水量多，粉质细掺水量少等。总之，以拌成后粉粒松散而不黏结成块为准。

为把米粉拌均匀，粉要分多次掺入，随掺随拌，使米粉均匀吸水。

米粉拌和后还要静置一段时间，让米粉充分吸水。静置时间的长短，随米质、季节和制品的不同而不同。

米粉静置后，其中有部分粘连在一起，若不经揉搓疏松，蒸制时不易成熟，所以静置后要进一步搓散、过筛。

② 糖糕粉团　糖糕粉团的调制方法和要点与白糕粉团相同，但不用冷水而用糖浆调制粉团。为了使糕粉能充分吸收到糖，而且又要除去糖中杂质，必须将糖先熬成糖浆，用于拌粉的糖浆，投料标准一般是 500g 糖、250g 水。糖浆的熬制方法是将水、糖一起放入，置于火上熬，火力不能太旺，还要不断搅匀，见糖液泛起大泡、化开，即可离火。糖浆必须在冷却以后再拌入粉内。

（2）黏质粉团　黏质粉团采用先成熟后成形的方法调制而成。即把粉粒拌和成糕粉后，先蒸制成熟，再揉透（或倒入搅拌机打透打匀）成为团块。取出后切成各式各样的块，再放入模具做成各种形状。黏质粉团制成的黏质糕一般具有韧性大、黏性足、入口软糯等优点。

（3）加工粉团　加工粉团是糯米经过特殊加工而调制的粉团。糯米经特殊加工而成的粉称为加工粉、潮州粉，其特点是软滑而带韧性，用于广式点心、制水糕皮等。调制方法是糯米浸泡、滤干，小火煸炒到水干米发脆时，取出冷却，再磨制成粉，加水调制成团。

三、油脂

油脂按其原料来源分为食用植物油和食用动物油脂。食用植物油是以植物油料加工生产供人们食用的植物油。大多数植物油在常温下呈液态，只有椰子油、可可脂等少数油脂在常温下呈固体。

1. 植物油

中式糕点生产中常用的植物油包括棕榈油、橄榄油、椰子油、菜子油、花生油、豆油和混合植物油。棕榈油和橄榄油均属月桂酸系油脂，在常温时呈硬性固体状态，饱和度也高，稳定性好，不易氧化，可用于月饼表面的喷油。若用在月饼生产，则因缺乏稠度和塑性，加工性能差。但因棕榈油价格低于一般精炼植物油，仍有不少月饼厂将其与精炼植物油搭配使用；棕榈油还可用于制作起酥油或人造奶油，制得稳定性高的复合型油脂。椰子油的熔点范围为$24\sim27℃$。当温度升高时，椰子油不是逐渐软化，而是在较窄的温度范围内骤然由脆性固体转变为液体。利用此特性，椰子油用于夹心料中，吃到嘴里能较快融化。精炼的菜子油、花生油、豆油和混合植物油在常温下呈液态，润滑性和流动性好，用于月饼面团中，不但起酥性好，而且能提高面团的润滑性，降低黏性，改善月饼面团的机械操作性。这些植物油的不饱和脂肪酸含量高，易氧化，但它们都含有微量的天然抗氧化剂，如维生素E、芝麻酚等，对这些植物油本身起到保护作用，因此，其稳定性比猪油好。这些植物油可用于贮存期不长、油脂含量较少的月饼中，用量不宜太高，否则，面团中的油容易发生外析现象，影响操作和产品质量。芝麻油具有独特的香气，可用于芝麻薄脆月饼等特定口味的月饼，以提高月饼的风味。

2. 猪油

猪油是月饼和其他焙烤制品常用的油脂之一。猪油分猪板油、猪膘油和猪网油三种。其中专门从猪腹部的板油提炼的油脂质量最好，色泽洁白，具有猪油特有的温和香味；猪膘油和猪网油（是猪肌肉缝里成网状的油脂，在制作菜肴时当配料被经常用到）质量差些，常带有不愉快的气味。猪油的熔点在$36\sim42℃$之间，当温度逐渐升高时，猪油便显示出逐渐软化而不流动的特性，达到熔点时变为液体。良好塑性和稠度的猪油对月饼有优良的起酥性。

猪油色泽洁白光亮，质地细腻，含脂率高，具有较强的可塑性和起酥性，制出的产品品质细腻，口味肥美。但猪油起泡性能较差，不能用作膨松制品的发泡原料。在制作面团时，大多掺入无异味的熟猪油。糖渍猪油丁制品应选用质量好的猪板油加工制成。

猪油是动物性油脂，不含天然抗氧化剂，容易氧化酸败，在月饼加工过程中经高温焙烤，稳定性差，宜用于保存不长的月饼中，或者在使用时需添加一定量的抗氧化剂。

3. 起酥油

起酥油是由精炼动植物油脂、氢化油或这些油脂的混合物，经混合、冷却塑化而加工出来的，具有可塑性、乳化性等加工性能的固态或具流动性的油脂产品，可按不同需要以合理配方使油脂性状分别满足各种焙烤制品的要求。调节起酥油中固相与液相之间的比例，可使整个油脂成为既不流动也不坚实的结构，使其具有良好的可塑性和稠度；亦可增加起酥油中液状食用性植物油的比例，制成流动性的起酥油，以满足月饼加工自动化及连续化的需要。起酥油中往往添加了乳化剂。乳化剂在面团调制时与部分空气结合，这些面团中包含的气体在月饼焙烤时受热膨胀，能提高月饼的酥松度。起酥油的熔点范围可随不同配方而定，月饼用的起酥油熔点为36～38℃，可用于油脂含量高、保存期适中的月饼中。

4. 奶油

奶油是将从天然牛奶的上表层收集起来的奶乳经过剧烈搅拌而制成的均相平滑的产品。奶油有甜奶油和加盐奶油两种。甜奶油亦称无盐奶油。在常温下可以保存10天左右，而在冰箱中则可以保存数月。在冰箱内保存时，必须将其密封，否则它会吸附周围其他食品的风味。

人造奶油是以氢化油为主要原料，添加适量的干乳或乳制品、乳化剂、食盐、色素、香料和水加工制成的。它的软硬度可根据各成分的配比来调整。人造奶油的乳化性能和加工性能比奶油要好，但其香气和滋味则逊色得多。人造奶油水分在16%左右，含量较高，因而不能直接用作夹心料。一般来说，人造奶油与天然奶油搭配使用，以得到风味和外观色泽良好的产品。

四、糖与糖浆

糖按制糖原料的不同，可分为甘蔗糖和甜菜糖；按制糖设备的不同，可分为机制糖和土糖；按食糖的颜色不同，可分为白糖和红糖；按加工程度不同，可分为粗制糖和精制糖。市售食糖一般按其色泽和形态，分为白砂糖、绵白糖、赤砂糖、土红糖、冰糖、方糖等。

中式糕点生产中常用的糖类主要有白砂糖、绵白糖、糖稀、饴糖、蜂蜜等。

1. 白砂糖

白砂糖是焙烤食品生产中用量最大、最重要的甜味剂，简称为砂糖。它是从甘蔗茎体或甜菜块根提取、精制而成的产品。白砂糖的主要成分是蔗糖，含量在 99.5％以上。蔗糖是由葡萄糖和果糖构成的一种双糖。白砂糖按技术要求的规定可分为精制、优级、一级和二级共四个级别；按其晶粒大小可分为粗粒、大粒、中粒、细粒。

2. 绵白糖

绵白糖是用细粒白砂糖加 2.5％转化糖浆或饴糖加工制成的。绵白糖因本身含有一定量的还原糖，加之颗粒小、溶化快，易达到较高浓度，所以人们食用时，总觉得比白砂糖甜。在焙烤食品中，它多被用于含水分少、经烘焙或要求滋润性较好的产品中，还常被撒在一些花色产品的表面，以求清爽、沙甜。绵白糖按其技术要求可分为精制、优级、一级三个等级。

3. 糖稀

糖稀是在制糖过程中将糖的结晶提取以后剩下的液状物。这种液状物也是因甘蔗种类的不同和所含色素的多少而有浅色和深色两种。市场上在制作糕点用品的专用柜上常有瓶装的糖稀出售。开了封盖的糖稀应保存在冰箱中。

4. 饴糖

饴糖是以高粱、米、大麦、粟、玉米等淀粉质的粮食为原料，经发酵糖化制成的食品。饴糖的主要成分为麦芽糖与糊精，因此又称麦芽糖。饴糖如含糊精量高，则性黏而甜味淡，反之如含麦芽糖量高，则流动性大，黏度低，味更甜，不耐高温，易呈色，产生焦糖。饴糖如含过多的麦芽糖，显得不稳定，吸水性会相应增加。

5. 蜂蜜

蜂蜜的品种很多，其成分和品质因所采花粉种类的不同而异。蜂蜜的外观也不一样，有的净而明，有的混且浊。一般来说色淡的蜂蜜味道柔和，色深的蜂蜜味道较浓且冲一些。蜂蜜中含有芳香物质和丰富的果糖和葡萄糖，味甜，还含有少量的维生素 C、维生素 E 和少量的矿物质，为透明或半透明的黏液体，一般多作特殊的营养糕点原料使用。

第二节　辅助原料

一、疏松剂

疏松剂主要用于蛋糕、油条、包子、饼干、桃酥类等面制品的快速制作。根据原料构成的不同，疏松剂可分为碱性疏松剂、酸性疏松剂、复合疏松剂三大类。

1. 碱性疏松剂

碱性疏松剂又称"膨松盐"，主要是碳酸盐和碳酸氢盐，如碳酸铵、碳酸氢钠（小苏打）、碳酸氢铵。碳酸氢铵起发能力略比小苏打强，分解时它较碳酸铵少产生一分子氨，在制成品中残留少，因而减低了制成品中的氨臭味，用量适当时不会造成过度的膨松状态。碱性疏松剂在焙烤过程受热分解可产生大量的二氧化碳，从而使饼胚体积膨胀增大。

2. 酸性疏松剂

酸性疏松剂也称为"膨松酸"，一般常用的有酒石酸氢钾、硫酸铝钾、葡萄糖酸-δ-内酯以及各种酸性磷酸盐（如酸性焦磷酸钠、磷酸铝钠、磷酸一钙、磷酸二钙）。酸性疏松剂本身不会产生二氧化碳，它是与碱性疏松剂反应而生成二氧化碳气体的。酸性疏松剂与碱性疏松剂配合使用可使气体缓慢释放，增加产气的长效性，亦能使小苏打全部分解利用，降低碱度，所以，使用时两者的配合要合理，否则，碱性疏松剂过多，会有碱味；酸性疏松剂过多，则会带来酸味，甚至还有苦味。

3. 复合疏松剂

复合疏松剂又称泡打粉、发泡剂、发酵粉，亦称为膨胀剂或膨松剂，广泛应用于面食蛋糕、饼干等食品的生产制造。由于碱性疏松剂碳酸氢铵加热时产生刺激性氨气的气味，虽然容易挥发，但成品中有时能残留一些，从而带来不良的风味，因此人们常使用复合疏松剂。其成分一般为苏打粉配入可食用的酸性盐，再加淀粉或面粉为充填剂而成的一种混合化学药剂，规定发酵粉所产生的二氧化碳不能低于发酵粉重量的12%，也就是100g的发酵粉加水完全反应后，产生的二氧化碳不少于12g。又规定含有碳酸根的碱性盐只能用苏打粉。不准使用其他含有碳酸根的碱性盐。发酵粉中的酸性成分和苏打遇水后发生中和反应，释放出二氧化碳而不残留碳酸钠，其生成残留物为弱碱性盐类，对制品的组织不会产生太大不良影响。

为了使疏松剂性质稳定，使用方便，人们才利用各种酸性盐类与苏打粉调配，研制成发酵粉。发酵粉一般由碳酸盐类（钠盐或铵盐）、酸类（酒石酸、柠檬酸、乳酸等）、酸性盐类（酒石酸氢钾、磷酸二氢钙、磷酸氢钙、磷酸铝钠等）、明矾，以及起阻隔酸、碱作用和防潮作用的淀粉等配制而成。

发酵粉按反应速度的快慢或反应温度的高低可分为快性发酵粉、慢性发酵粉和双重反应发酵粉。由于规定发酵粉中的碱性盐只能使用苏打粉，因此唯一能控制发酵粉反应快慢的方法，是选择不同酸性盐来调配。酸性盐与苏打粉反应的快慢，由酸性盐的氢离子解离的难易程度所决定。因此利用酸性盐解离的特性，而调配成各种反应速度不同的发酵粉。

复合疏松剂通常在面团调制的过程中添加使用，在熟制（烤、炸、蒸等）时因受热分解产生大量气体而使面坯起发，并使制品内部形成均匀、细密的多孔性组织。

二、果料

果仁和籽仁含有较多的蛋白质与不饱和脂肪酸，营养丰富，风味独特，被视为健康食品，广泛用作糕点的馅料、配料（直接加入到面团或面糊中）、装饰料（装饰产品的表面）。常用的籽仁主要有芝麻仁、花生仁和瓜子仁；常用的果仁有核桃仁、杏仁、松子仁、橄榄仁、榛子仁、栗子等，西式糕点加工中以杏仁使用得最多。

使用果仁时应除去杂质，有皮者应焙烤去皮，注意色泽不要烤得太深。由于果仁中含油量高，而且以不饱和脂肪酸含量居多，因此容易酸败变质，应妥善保存。

三、干果与水果

干果有时也称果干，是水果脱水干燥之后制成的产品。干燥方法可以是自然干燥或人工干燥。水果在干燥过程中，水分大量减少，蔗糖转化为还原糖，可溶性固形物与碳水化合物含量有较大的提高。焙烤食品中常用的干果有葡萄干、红枣等，多用于馅料加工，有时也做装饰料用。有些果干直接加入到面团或面糊中使用。

四、蜜饯

蜜饯食品是以干鲜果品、瓜蔬等为主要原料，经糖渍蜜制或盐渍加工而成的食品。其含糖量为 40%～90%。多用于糕点的馅料加工及作为装饰料使用，在西点中直接加入面团或面糊中使用。

1. 糖渍蜜饯

原料经糖渍蜜制后，成品浸渍在一定浓度的糖液中，略有透明感，如糖青梅、蜜樱桃、蜜金橘、糖化皮榄等。

2. 返砂蜜饯

原料经糖渍、糖煮后，成品表面干燥，附有白色糖霜，如冬瓜条、金丝蜜枣、糖橘饼、红绿丝、白糖杨梅等。

3. 果脯原料

经糖渍、糖制后，经过干燥，成品表面不黏不燥，有透明感，无糖霜析出，如苹果脯、杏脯、桃脯、梨脯、枣脯、青梅等。

4. 凉果

原料在糖渍或糖煮过程中，添加甜味剂、香料等，成品表面呈干态，具有浓郁香味，如雪花应子、柠檬李、丁香榄、福果等。

5. 甘草制品

原料采用果坯，配以糖、甘草和其他食品添加剂，经浸渍处理后，进行干燥，成品有甜、酸、咸等风味，如话梅、话李、九制陈皮、甘草榄、甘草金橘等。

中式糕点

生产工艺与配方

6. 果糕

原料加工成酱状，经浓缩干燥，成品呈片、条、块等形状，如山楂糕、金糕条、山楂饼、果丹皮等。

7. 冬瓜条

冬瓜条又称糖冬瓜条，是以鲜冬瓜为原料，经去皮、切条、石灰水浸泡硬化、清洗、烫漂、浸泡后，进行糖渍、糖煮、上糖粉后即为成品。

8. 红绿丝

红绿丝也称青红丝，是以鲜柑橘皮为原料，经清洗、切丝、浸渍（0.5％明矾水）除去苦味，加食用着色剂将一半染成绿丝、一半染成红丝，糖渍后拌糖粉或糖煮，晾干即为成品。红绿丝要求成品色泽鲜艳，透明，有一定韧性。

五、果酱和果泥

果酱包括苹果酱、桃酱、杏酱、草莓酱、山楂酱及什锦果酱等；果泥则有枣泥、莲蓉等。果酱和果泥大都用来制作糕点、面包的馅料。

第三节 添加剂

一、食用色素

1. 人工合成着色剂

人工合成着色剂优点是性质稳定、着色力强、色彩鲜艳、可任意调配、价格便宜、均溶于水、使用方便；缺点是均有一定的毒性，因此要严格按照我国 GB 2760—1996《食品添加剂使用卫生标准》规定使用才可以。

2. 食用天然着色剂

食用天然着色剂一般是从动、植物组织和微生物中提取出来的，因此一般来说对人体的安全性较高。

天然着色剂优点是安全，缺点是较难溶解，不易染着均匀，稳定性差。因为是从天然物中提取出来的，故由于其共存成分的影响，有时有异味、异臭。随着 pH 值不同，稳定性也不相同，有时有色调的变化。染着性一般较合成着色剂差，某些天然着色剂有与基质反应而变色的情况。难于用不同着色剂配制任意的颜色。

二、香精和香料

1. 香料

香料由多种挥发性物质所组成，食品中使用的香料也称赋香剂或增香剂，可分为天然和人工合成两大类。香料物质一般属于有机化合物，其分子结构中大多有一定种类的发香基团。香料根据来源和制取方法不同，可分为天然香料和人工合成香料。天然香料是用物理方法从动物或植物中提炼而得，有精油、浸膏、酊剂、香膏、油树脂、净油、粉剂等几种形式，其成分较为复杂，并非单一的化合物。天然香料安全性高、香味醇和，比人工合成香料好。天然香料种类很多，常用的有柠檬油、橘子油、椰子油等。人工合成香料是指采用人工分离和合成的方法所制取的香料。人工合成香料包括单离香料及合成香料。

2. 食用香精

在食品加香中，目前生产上除橘子油、香兰素等少数品种外，香料一般不单独使用，通常是用数种乃至数十种香料调和起来，才能适合应用上的需要。这种经配制而成的香料称为香精。香精的基本组成是主香剂、顶香剂、辅助剂、定香剂。主香剂是构成香精香气类型的基本香料，决定香精所属品种。顶香剂是易挥发的或强烈的天然香料和人造香料，使得代表香气类型的成分更明显突出。辅助剂可分为协调型和变调型两种，协调型辅助剂是衬托主香剂，使香气明显突出；变调型辅助剂则是使香气别致。定香剂是使各种香料挥发均匀，使香精保持均匀而持久的芳香。

三、防腐剂

1. 丙酸钙

丙酸钙为白色结晶、白色晶性粉末或颗粒，无臭或微带丙酸气味。丙酸钙作为防腐剂、防霉剂，按我国 GB 2760《食品添加剂使用卫生标准》规定，用于生面湿制品（切面、馄饨皮）的最大使用量（以丙酸计，下同）为 0.25g/kg；用于面包、糕点、豆制食品的最大使用量为 2.5g/kg。

丙酸钙多用于面包中，防霉效果好而对酵母无影响，且钙离子有营养强化作用。在面包中加入后，可延长 2～4 天不长霉；在月饼中加入后，可延长 30～40 天不长霉。因钙与膨松剂中碳酸氢钠反应生成碳酸钙，降低二氧化碳的产生，故不多用于西点生产中。

2. 丙酸钠

丙酸钠为白色晶体、白色晶性粉末或颗粒，无臭而微带特殊臭味。丙酸钠作为防腐剂、防霉剂，按我国 GB 2760《食品添加剂使用卫生标准》规定，可用于糕点中，最大用量为 2.5g/kg。丙酸钠多用于起酥糕点等西点。其钠盐造成的碱性会延缓面团发酵，用量过多阻止酵母生长，损害风味。

3. 山梨酸

山梨酸又称花楸酸、清凉茶酸。山梨酸为无色针状结晶或白色结晶性粉末，无味，略带刺激性臭味。对热和光稳定，在空气中易被氧化。本品属酸性防腐剂，在 pH 值 8 以下防腐作用稳定。pH 值越低防腐作用越强。山梨酸及山梨酸钾可用于氢化植物油，即食豆制食品、糕点、馅、面包、蛋糕、月饼，最大使用量为 1.0g/kg。山梨酸（钾）使用量以山梨酸计。山梨酸及山梨酸钾同时使用时，以山梨酸计，不得超过最大使用量。使用山梨酸时不得延长原定保质期。

4. 双乙酸钠

双乙酸钠为醋酸与醋酸钠的分子化合物。双乙酸钠用于即食豆制食品、油炸薯片的最大使用量为 1.0g/kg；用于膨化食品、调味料的最大使用量为 8g/kg；用于复合调味料的最大使用量为 10.0g/kg；用于糕点的最大使用量为 4g/kg。本品与山梨酸等并用，有较好的协同作用。

5. 纳他霉素

纳他霉素又称海松素、游霉素，用微生物发酵法生产。纳他霉素是用于食品表面处理的防腐剂，用以防止酵母和霉菌在食品表面生长，是一种优越的杀真菌剂。纳他霉素不会干扰其他食品组分，也不会带来异味。

纳他霉素可作为表面处理的防腐剂用于广式月饼、糕点，最大使用量为 0.2～0.3g/kg。纳他霉素悬混液喷雾或浸泡残留量小于10mg/kg。

6. 富马酸二甲酯

富马酸二甲酯（DMF）具有高效、低毒、广谱抗菌作用。由于化学稳定性好，作用时间长，能抑制多种霉菌、酵母菌，并有杀虫活性，因此常在月饼防霉中使用。在 pH 值 3～8 范围内对霉菌有特殊抑制作用。

四、改良剂

生产糕点有时需要面团有良好的塑性和松弛的结构。除选择低面筋含量的低筋粉，增加糖油比等方法外，还可添加面团改良剂。常用的面团改良剂有 L-半胱氨酸盐酸盐、焦亚硫酸钠、抗坏血酸、木瓜蛋白酶、蛋白酶（枯草芽孢杆菌）、胃蛋白酶、胰蛋白酶等。亚硫酸氢钠（钙）也是目前仍在使用的还原剂。

1. 韧性面团改良剂

生产韧性糕点时，由于面团中油、糖比例较小，加水量较多，因此面团的面筋可以充分地膨润，如果操作不当常会引起制品变形，所以要使用改良剂。饼干中使用的面团改良剂一般为还原剂和酶制剂，它们可使面团筋力减小、弹性减小、塑性增大，使产品形态平整、表面光泽好，还可使搅拌时间缩短。

2. 发酵面团改良剂

在糕点生产中，当使用面筋含量较高的面粉时，面团发酵后还保持相当大的弹性，在加工过程中会引起收缩，烘焙时表面起大泡，且产品的酥松性也会受到影响。利用蛋白酶分解蛋白质的特性来破坏面团的面筋结构，可改善饼干产品的形态，并且使产品变得易于上色。

3. 酥性面团改良剂

酥性面团中脂肪和糖的含量很大，足以抑制面团面筋的形成，但面团发黏，不易操作。常需使用卵磷脂来降低面团黏度。卵磷脂可使面团中的油脂部分地乳化，为面筋所吸收，改善面筋状态，使饼干在烘焙过程中，容易生成多孔性的疏松组织。此外卵磷脂还是一种抗氧化增效剂，可使产品保存期延长。由于磷脂有蜡质口感，所以用量一般在1％左右，过量会影响风味。

4. 半发酵面团改良剂

半发酵型糕点生产工艺属于发酵性与韧性两类糕点的混合新工艺。目前，在这类糕点的生产过程中，普遍应用木瓜蛋白酶和焦亚硫酸钠作为面团改良剂。用酶制剂和还原剂双重功能，从横向和纵向两方面来切断面筋蛋白质结构中的二硫键（—S—S—），使之转化成硫氢基键（—SH），达到削弱面筋强度的要求。这样做，一方面保持饼干形态，使之不易变形，另一方面则降低烘烤时的抗胀力，使产品酥松度提高。木瓜蛋白酶制剂可使面团中的蛋白质在一定程度上分解成肽和氨基酸，从而降低湿面团筋度，改良面团的可塑性及理化性质，使之适合各种风味的高、中、低档甜饼干或咸饼干的制作，尤其适用于低脂低糖饼干制作。因此，这种酶是制作薄片型、特脆型饼干必不可少的面团改良剂，其用量按投入小麦粉量计，一般工艺制作的甜饼干用0.02％～0.03％，威化饼干用0.025％～0.04％。不同工艺和不同质地的小麦粉，添加量可适当增减。

在当前的糕点制作工艺上，除了采用上述介绍的面团改良剂外，还添加乳化剂作面团改良剂。普遍采用蔗糖酯和分子蒸馏单甘油酯，以提高饼干的酥松度，增加口感，改善面团物理性状，使饼干生产进行顺利。

5. 面团改良剂使用注意事项

面团改良剂的使用要针对性强，用量要适当。要从产品特性、工厂设备、加工工艺特点、原料品质、气温等方面考虑，在能达到目的的情况下要尽量少用。当使用面筋含量过多的面粉可稍增加氧化剂的量；面筋过硬时应使用还原剂、酶制剂，减少氧化剂；面粉等级过低或需漂白的面粉，可稍增加氧化剂用量。面团改良剂的使用量应根据制品的性状来决定其数量。

第四节 馅料

制作馅料调制方法大体分成炒制和擦制两类。炒制是将制馅原料经过预处理加工后，将糖或馅在锅内加油或水熬开，再加入其他原料，加温进行炒制成馅。炒制馅工艺比较烦琐，制馅时间较长。典型的炒制馅有枣泥馅、豆沙馅、莲蓉馅。擦制馅又称拌制馅，是在糖或饴糖中加入其他原料搅拌擦制而成，即临生产时将制馅的原料进行混合搅拌、揉擦成产品所需的馅。

一、豆沙馅

豆沙馅是指使用以各种豆类、糖、油脂为主要原料制成的细沙状馅料。

1. 原料配方

赤豆 100kg，白砂糖 100kg，饴糖 12.5kg，植物油 30kg，糖玫瑰等辅料适量。

2. 操作要点

（1）制备豆沙　将赤豆去杂后放入锅中，先旺火后文火煮烂（有的要加入赤豆量 0.2%～0.3% 的碱），然后过筛去皮，浸入清水中，待豆沙沉淀后，轻轻倒去上清液，再过滤去清水，用粗布袋过滤压干即成豆沙，这样制作的豆沙为细豆沙。

（2）炒制豆沙馅

① 京式制法　先将水和白糖加热至沸腾。随之加入白糖继续熬制，熬制时要不断搅拌糖液以保证均匀，待糖液能拉丝时，加入豆沙炒制一定稠度后，再加入油脂拌匀，最后加入桂花等拌匀即可。

豆沙粉馅的炒制方法与上述相似，只不过加工时使用豆沙粉，豆沙粉是把煮熟的赤豆（豆粒裂开即可）捞出晾干，干磨成粉。

② 广式制法　将湿豆沙、白糖、部分油（约为总油量的 1/5）放入锅中，用旺火煮沸，边煮边搅拌，至一定调度后，改用文火，然后把剩下的油分多次逐步加入，炒至一定黏稠度后，有可塑性，加入其他辅料（糖玫瑰等）拌匀即可。

③ 高桥式制法　在烧热的锅中放入一小部分油，加入豆沙，用文火加热，边炒边逐次加入剩余的油、糖，使其混为一体，炒至一定稠度后加入其他辅料拌匀即可。

炒制好的豆沙馅，色泽紫黑透亮，软硬适度，无焦块杂质，口感软润，细腻香甜，无焦苦味。

二、五仁馅

五仁馅是因馅中有杏仁、桃仁、花生仁、芝麻仁和瓜子仁（缺少时可用南瓜仁、葵花籽仁等取代）而得名。具有配料考究、皮薄馅多、味美可口、不易破碎、便于携带等特点。

1. 原料配方

熟糕点粉 100kg，白砂糖 89kg，植物油 3kg，芝麻仁 33kg，花生仁 67kg，核桃仁 33kg，瓜子仁 5.6kg，杏仁 2.2kg，果脯 50kg，瓜条 89kg，青梅 44kg，橘皮 9kg。

2. 操作要点

（1）原料处理　花生仁、核桃仁、瓜子仁等要剔除其中的杂质和霉粒、虫粒，并将花生仁烘烤去皮。

（2）将瓜条、青梅、果脯等切丁，橘皮要切末。

（3）拌馅　将果料、果仁等拌和，再加入油、糖以及适量水继续拌和，最后加入熟糕点粉拌得软硬适度，即成五仁馅。

三、山楂馅

山楂馅大多先制成山楂冻或山楂糕。京、津、河北、东北等地制作较普遍。

1. 原料配方

山楂 10kg，白砂糖 10kg，水 25kg。

2. 操作要点

（1）取酱　选择无霉烂、无虫蛀的山楂，用清水洗净，按 1 份山楂加 2.5 份水的比例，将山楂倒入开水锅中旺火煮烂，过筛或用搓馅机去掉核和皮，制成酱。

（2）熬糖浆　将白砂糖、水放入锅中，用文火熬成糖浆（温度约 135℃，能拉出丝）。

（3）制馅　特山楂酱倒入熬好的糖浆锅中，迅速搅拌，稍稍加热，待山楂糖浆起泡，倒入盘中冷却，冻结后，即为山楂冻，切块可单独作为商品出售，称山楂糕。也可先将饴糖放入锅中加热至沸腾后，再加入山楂泥混合均匀，待其蒸发部分水分后，加入白砂糖，熔化后再加入面粉拌匀，加入油脂，最后加入桂花和核桃仁，稍加搅拌即可。

煮山楂一定要用开水，目的是为了破坏山楂中的果胶酶，使山楂中的果胶在加工过程中不易分解。不要把山楂酱和糖一起熬制，有两方面的原因，一是山楂和糖一起熬制，时间长，温度高，会导致果胶分解；二是山楂酸度高，长时间加热会生成大量还原糖。

四、莲蓉馅

莲蓉又分为普通莲蓉馅和纯莲蓉馅。普通莲蓉馅是指馅料中除糖、油脂之外，以莲子为主要原料，可使用豆类等其他淀粉原料。纯莲蓉馅是指馅料中除糖、油脂之外，其他原料全部为莲子，不能掺用豆类等其他淀粉含量高的原料。

1. 原料配方

莲子 10kg，白砂糖 15kg，植物油 3kg，猪油 2.6kg，碱 0.16kg。

2. 操作要点

(1) 莲子脱衣（去皮）、去芯　生产莲蓉的莲子，一般采用的是带衣通心莲。莲子的脱衣一般采用碱煮脱衣的方法，先将水和碱煮沸后，即放入莲子约煮 5min，也可先用水将碱溶化，将莲子拌湿，放入容器中，倒入热开水将莲子浸没，盖好闷一会，待莲子皮能用手捏脱即可取出。迅速用清水冲洗多次，以消除碱味。然后用竹刷刷去莲子皮，再用清水冲洗干净。如果所用莲子带芯，稍沥干后，再用竹签逐个捅去莲心。

(2) 煮烂、粉碎　把脱衣、去芯的莲子加清水再煮沸约 30min，以文火煮至能用手捏搓烂，然后用胶体磨磨烂。此工艺是莲蓉好坏的关键控制点之一，莲蓉的绵滑与此工艺有很大的关系。

(3) 炒蓉　先将一部分花生油和白糖放入锅中加热至金黄色，然后加入莲蓉、剩余的糖和花生油（约总量的1/3），用旺火煮沸，边煮边搅拌至稠，改用文火炒，再将剩余的油分次加入，烧至莲蓉稠厚，手捏成团即可。红莲蓉以不泻、甘香软滑、色泽金红油润为好，白莲蓉要求白里带浅象牙色，入口香甜软滑。

(4) 冷却　莲蓉出锅后，要及时冷却、冷透，所以，需冷却的莲蓉要分成小量以加速冷却。冷却时要防止莲蓉表面变硬，一般都采用覆盖表面的方法，如采用油脂覆盖的方法。

五、水果馅料

水果馅料是水果经烹煮而制成的水果泥，最常用的水果是苹果，其次是桃、李、草莓、樱桃等。

1. 原料配方

水果10kg，砂糖2kg，其他辅料适当。

2. 操作要点

（1）先将市售水果清洗干净，去皮、去核，然后用破碎机粉碎。

（2）将一半破碎后的水果、砂糖加入夹层锅中，加盖，开机搅拌并加热，控制油温表面温度180℃以下。

（3）用剩下的一半水果浆浸入称量好的卡拉胶，要求浸透，若浸不透可加入少量水。称量好的澄面与生油一起加入搅匀成澄面水油浆（生油留少许在后工序中加入）。

（4）夹层锅中的糖浆煮约80min后除盖，加入浸透的卡拉胶继续加热。随着卡拉胶的溶解和发生胶黏作用，馅料逐步黏稠，继续煮150min左右，此时加入澄面水油浆继续熬煮。

（5）不断加热搅拌，同时加入少许生油，蒸发水分，果酱逐渐变得透明，再加入其他食品添加剂（柠檬酸、防腐剂等）。待水分挥发到符合要求时上锅（经检验水分为16%～18%），用铁盘装好冷却，即得果酱成品。

第四章 中式糕点加工设备 ‹‹‹‹

第一节 调制设备

一、调粉机

调粉机也称作和面机，在食品加工中用来调制黏度极高的浆体或弹塑性固体，主要是揉制各种不同性质的面团，包括酥性面团、韧性面团、水面团等。和面机调制面团的基本过程由搅拌桨的运动来决定。水、面粉及其他辅料倒入搅拌容器内，开动电动机使搅拌桨转动，面粉颗粒在桨的搅动下均匀地与水结合，首先形成胶体状态的不规则小团粒，进而小团粒相互黏合，逐渐形成一些零散的大团块。随着桨叶的不断推动，团块扩展揉捏成整体面团。由于搅拌桨对面团连续进行的剪切、折叠、压延、拉伸及揉合等系列作用，结果调制出表面光滑，具有一定弹性、韧性及延伸性的理想面团。若再继续搅拌，面团便会塑性增强，弹性降低，成为黏稠物料。

和面机有卧式与立式两种结构，也可分为单轴、多轴或间歇式、连续式。

1. 卧式和面机

卧式和面机的搅拌容器轴与搅拌器回转轴都处于水平位置；其结构简单，造价低廉，卸料、清洗、维修方便，可与其他设备完成连续性生产，但占地面积较大。这类机器生产能力（一次调粉容量）范围大，通常在 25～400kg/次。它是国内大量生产和各食品厂应用最广泛的一种和面机。图 4-1 所示是国内定型生产的 T-66

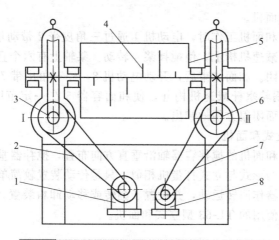

图 4-1　T-66 型卧式和面机

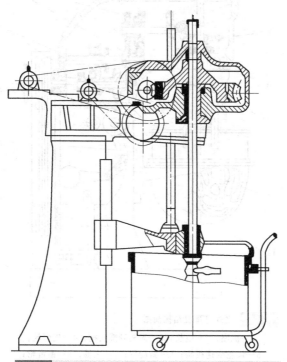

图 4-2　TL-63 立式和面机

型卧式和面机。

卧室和面机工作时，电动机 1 通过三角皮带 2 带动蜗杆 3，经蜗轮蜗杆减速机构 I，使搅拌桨 4 转动。桨轴上有六个直桨叶，用以调和面团。和面结束后，开动电动机 8，经三角皮带 7 带动蜗杆 6，通过蜗轮蜗杆减速机构 II，使和面容器 5 在一定范围内翻转，将和好的面团很方便地卸出。

2. 立式和面机

立式和面机的搅拌容器轴沿垂直方向布置，搅拌器垂直或倾斜安装。结构形式与立式打蛋机相似，只是传动装置较简单。有些设备搅拌容器作回转运动，并设置了翻转或移动卸料装置。图 4-2 是国内生产使用的 TL-63 型立式和面机。

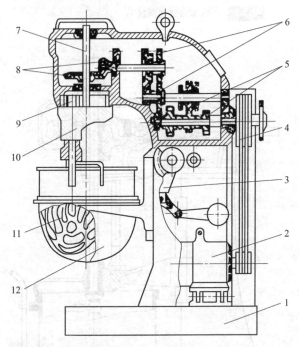

图 4-3　立式打蛋机结构简图

1—机座；2—电机；3—锅架升降机构；4—皮带轮；
5—齿轮变速机构；6—斜齿轮；7—主轴；8—锥齿轮；
9—行星齿轮；10—转臂；11—搅拌桨；12—搅拌容器

二、打蛋机

常用的打蛋机多为立式，由搅拌器、容器、传动装置及容器升降机构等组成。图4-3所示是立式打蛋机的结构简图。

打蛋机工作时，电动机通过传动机构带动搅拌器转动，搅拌器按一定规律与容器相对运动搅拌物料，搅拌器的运动规律在相当大程度上影响着搅拌效果。

第二节 包馅设备

包馅机械是专门用于生产各种带馅的食品。包馅食品一般由外皮和内馅组成。外皮由面粉或米粉与水、油脂、糖及蛋液等揉成的面团压制而成。内馅有菜、肉糜、豆沙或果酱等。由于充填的物料不同以及外皮制作和成形的方法各异，包馅机械的种类甚多。

一、包馅机成形方式

包馅机成形方式通常可分为回转式、灌肠式、注入式、剪切式和折叠式5种（图4-4）。

（1）回转式包馅成形　先将面坯制成凹形，再将馅料放入其中，然后由一对半径逐渐增大的圆盘状回转成形器将其搓制、封口、再成形，见图4-4(a)。

（2）灌肠式包馅成形　面坯和馅料分别从双层筒中挤出，达到一定长度时被切断，同时封口成形，见图4-4(b)。

（3）注入式包馅成形　馅料由喷管注入挤出的面坯中，然后被封口、切断，见图4-4(c)。

（4）剪切式包馅成形　压延后的面坯从两侧连续供送，进入一对表面有凹穴的辊式成形器，与此同时，先制成球形的馅，从中间管道掉落在两层面坯之中，然后封口、切断和成形，见图4-4(d)。

（5）折叠式包馅成形　根据传动方式，又可分为三种包馅成形方式，第一种是齿轮齿条传动折叠式包馅成形，先将压延后的面坯按照规定的形状冲切，然后放入馅料，再折叠、封口、成形，见图4-4(e)；第二种是辊筒传动折叠式包馅成形，馅料落入面坯后，一

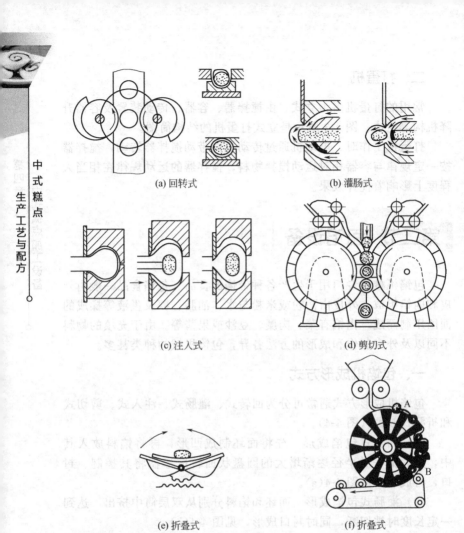

(a) 回转式　　　　　　　　(b) 灌肠式

(c) 注入式　　　　　　　　(d) 剪切式

(e) 折叠式　　　　　　　　(f) 折叠式

图 4-4　包馅成形方式

对辊筒立即回转自动折叠、封口成形，类似图 4-4(d)；第三种是带式传动折叠式包馅成形，当压延后的面带经一对轧辊送到圆辊空穴 A 处时，因为空穴下方为与真空系统相连的空室，由于真空泵的吸气作用［图 4-4(f) 中的放射状涂黑部分为真空室］，面坯被吸成凹形，随着圆辊的转动，已制成球形的馅料，从另一个馅料排料管中排出，并且正好落入 A 点处的面坯凹穴中，然后被固定的刮刀将凹穴周围的面坯刮起，封在开口处形成封口，当转到 B 点时解除真空，已包了馅料的食品便掉落在输送带上送出。

二、包馅机的主要构造

包馅机主要由面坯皮料成形机构、馅料充填机构、撒粉机构、封口切断装置和传动系统等组成，其外形图见图4-5。

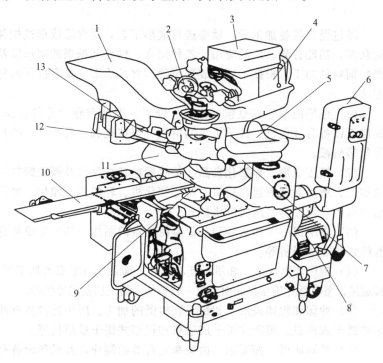

图 4-5 包馅机外形图

1—面坯料斗；2—叶片泵；3—馅料斗；4—输馅双螺旋；
5—面粉料斗；6—操作箱；7—撒粉器；8—电动机；
9—托盘；10—输送带；11—成形机；12,13—输面双螺旋

面坯皮料成形机构包括一个面坯料斗1，两个水平输送面坯的螺旋及一个垂直输送面坯的螺旋。馅料充填机构包括一个馅料斗3、两个馅料水平输送螺旋和两个叶片泵。撒粉机构由面粉料斗5、粉刷、粉针及布袋盘构成。封口切断装置主要包括两个回转成形盘

和托盘。传动系统包括一台 2.2kW 电动机、皮带无级变速器及蜗轮蜗杆传动和齿轮变速箱等。

第三节 成形设备

经过搅拌机械加工后，就要进行成形工艺，而食品成形机械种类众多，功能各异。广泛应用于各种面食、糕点和糖果的制作以及颗粒饲料的加工。根据不同的成形原理，食品成形主要有以下六种方法。

（1）包馅成形　如豆包、馅饼、饺子、馄饨和春卷等的制作。其加工设备有豆包机、饺子机、馅饼机、馄饨机和春卷机等，统称为包馅机械。

（2）挤压成形　如膨化食品、某些颗粒状食品以及颗粒饲料等的加工。所用设备有通心粉机、挤压膨化机、环模式压粒机、平模压粒机等，统称为挤压成形机械。

（3）卷绕成形　如蛋卷和其他卷筒糕点的制作。其加工设备有卷筒式糕点成形机等。

（4）辊压切割成形　如饼干坯料压片，面条、方便面的加工等。其成形设备有面片辊压机和面条机、软料糕点钢丝切割成形机等。

（5）冲印和辊印成形　如饼干和桃酥的加工。所用的设备有冲印式饼干成形机、辊印式饼干成形机和辊切式饼干成形机等。

（6）搓圆成形　如面包、馒头和元宵等的制作，其成形设备有面包面团搓圆机、馒头机和元宵机等。

下面将就其中的典型设备加以叙述。

一、搓圆机

按照机器不同的外形特点，可以把面包搓圆机分为伞形、锥形、筒形和水平搓圆机四种形式。下面以目前我国面包生产中应用最多的伞形搓圆机为例，来介绍搓圆成形的基本原理。伞形搓圆机结构如图 4-6 所示。它主要由伞形转体、螺旋导板（图中未画出）、撒粉盒、传动机构和机座等组成。伞形转体和螺旋导板是搓圆成形的主要工作部件。

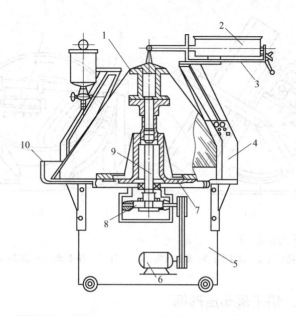

图 4-6 伞形搓圆机

1—伞形转体；2—撒粉盒；3—控制板；4—支撑架；

5—机座；6—电机；7—轴承座；8—涡轮螺杆减速器；

9—主轴；10—托盘

二、元宵成形机

元宵成形机是面点食品加工中重要的成形机械设备之一。元宵是我国的传统食品，其加工方法以前是把各种馅料切成小方块，然后装在放有米粉的簸箕中靠人工摇滚而成，这种方法劳动强度大，生产效率低，元宵个体不够均匀。元宵成形机的应用克服了手工操作的上述缺点，其结构如图4-7所示，它主要由倾斜圆盘、翻转机构、传动机构和支架等组成。工作时，先将一批馅料切块和米粉放入圆盘中，圆盘旋转时，由于摩擦力的作用，物料将随着圆盘底部向上运动，然后又在自身重力作用下，离开原来的运动轨迹滚动下来，见图4-7(b)，与盘面产生搓动作用。与此同时，由于离心力的作用，料团被甩到圆盘的边缘，黏附较多的粉料后又继续上升，如此反复滚搓一段时间后，馅料即被粉料逐渐裹成一个较大的球形面团，当达到要求的大小时，即停机并摇动翻转机构将成品倒出。

第四章 中式糕点加工设备

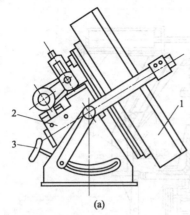

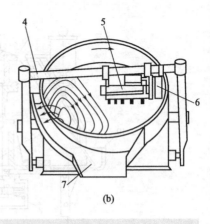

图 4-7 元宵成形机

1—倾斜圆盘；2—减速器；3—翻转机构；4—支架；5—喷水管；6—刮刀；7—卸料斗

三、饼干辊印成形机

辊印成形适合于高油脂酥性饼干的加工制作，采用不同的印模辊，不但可以生产各种图案的饼干，还能加工桃酥类糕点。饼干辊印成形机主要由喂料辊、印模辊、橡胶脱模辊、输送带、机架和传动系统等组成。辊印成形和橡胶脱模是该机的两项主要操作。工作原理见图4-8。饼干机工作时，喂料辊1和印模辊2相向回转，原

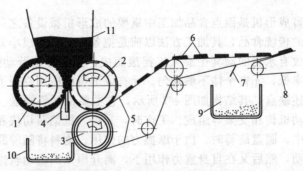

图 4-8 辊印成形机工作原理

1—喂料辊；2—印模辊；3—橡胶脱模辊；4—刮刀；

5—帆布脱模带；6—饼干生坯；7—帆布带刮刀；

8—生坯输送带；9,10—面屑斗；11—料斗

料靠重力落入两辊之间和印模辊的凹模之中，经辊压成型后进行脱模。刮刀 4 能将凹模外多余的面料沿印模辊切线方向刮削到面屑斗 10 中。当印模辊上的凹模转到与橡胶脱模辊 3 接触时，橡胶辊依靠自身的弹性变形将其上面的帆布脱模带 5 的粗糙表面紧压在饼坯的底面上，由于饼坯与帆布表面的附着力大于与凹模光滑底面的附着力，所以饼干生坯能顺利地从印模中脱离出来，并由帆布脱模带转送到生坯输送带 8 上，然后进入烘烤阶段。

第四节 烘烤设备

糕点坯置于烤炉中后，在加热元件产生的高温作用下，食品坯发生一系列化学、物理以及生物化学的变化，从而使食品坯由生变熟，使制品成为具有多孔性海绵状结构的成品，具有较深的颜色和令人愉快的香味，并具有优良的保藏和便于携带的特性。食品坯大致都经历着胀发、定型和脱水、上色三个阶段，而不同制品各个阶段的经历长短不一。烤炉的种类很多，分类的方式也较多。但一般是按照热能的来源、结构等进行分类。

一、按热源分类烤炉

根据热源的不同，烤炉可分为煤炉、煤气炉、燃油炉和电炉等。

1. 煤炉

以煤为燃料的烤炉称为煤炉。这种烤炉的燃烧设备简单，操作安全，且燃料较便宜，容易获得。它适用于中小型食品厂烘烤各种食品。其缺点是卫生条件较差，工人劳动强度大，而且炉温调节比较困难，炉体笨重，不宜搬运。

2. 煤气炉

以煤气、天然气、液化石油气等作为燃料的烤炉统称为煤气炉。煤气炉的炉温调节比煤炉容易，在高温区可以多安装些喷头，低温区可少安装一些喷头，若局部过热时，还可以关闭相应的喷头。煤气炉较煤炉的外形尺寸小得多，并可减少热量损失，改善工人劳动条件。

3. 电炉

电炉是指以电为热源的烤炉。根据辐射波长的不同，又分为普通电烤炉、远红外电烤炉和微波炉等。电烤炉具有结构紧凑、占地面积小、操作方便、便于控制、生产效率高、焙烤质量好等优点。其中以远红外电烤炉最为突出，它利用远红外线的特点，提高了热效率，节约了电能，在大、中、小食品厂都得到广泛应用。

二、按结构分类烤炉

1. 箱式炉

箱式炉外形如箱体，按食品在炉内的运动形式不同，可分为烤盘固定式箱式炉、风车炉和水平旋转炉等。其中以烤盘固定式箱式炉是这类烤炉中结构最简单、使用最普遍、最具有代表性的一种，因此常简称为箱式炉。箱式炉炉膛内壁上安装若干层支架，用以支承烤盘，辐射元件与烤盘相间布置，在整个烘烤过程中，烤盘中的食品与辐射元件间没有相对运动。这种烤炉属间歇操作，所以产量小。它比较适用于中小型食品厂烘烤各类食品。

2. 风车炉

风车炉因烘室内有一形状类似风车的转篮装置而得名。这种烤炉多采用无烟煤、焦炭、煤气等为热源，也可采用电及远红外加热技术，以煤为燃料的风车炉，其燃烧室多数位于烘室的下面。因为燃料在烘室内燃烧，热量直接通过辐射和对流烘烤食品，所以热效率很高。风车炉还具有占地面积小、结构比较简单、产量较大的优点。目前仍用于面包生产。风车炉的缺点是手工装卸食品，操作紧张，劳动强度较大。

3. 水平旋转炉

水平旋转炉内设有一水平布置的回转烤盘支架，摆有生坯的烤盘放在回转支架上。烘烤时，由于食品在炉内回转，各面坯间温差很小，所以烘烤均匀，生产能力较大。其缺点是手工装卸食品，劳动强度较大，且炉体较笨重。图 4-9 所示为水平旋转炉结构示意图。

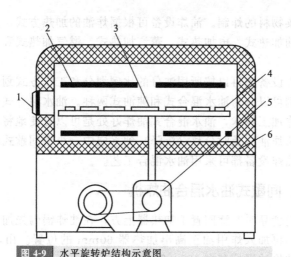

图 4-9 水平旋转炉结构示意图

1—炉门；2—加热元件；3—烤盘；4—回转支架；5—传动装置；6—保温层

4. 隧道炉

隧道炉是指炉体很长，烘室为一狭长的隧道，在烘烤过程中食品与加热元件之间有相对运动的烤炉。因食品在炉内运动，好像通过长长的隧道，所以称为隧道炉。

隧道炉根据带动食品在炉内运动的传动装置不同。可分为钢带隧道炉、网带隧道炉、烤盘链条隧道炉和手推烤盘隧道炉等。

第五节 油炸设备

油炸在中式糕点加工和餐饮业加工过程中都有着重要的地位。油炸设备多种多样，可按不同方式分类。按操作方式与生产规模，油炸设备可以大体分为小型间歇式和大型连续式两种。小型间歇式有时也称为非机械化式，它的特点是由人工将产品装在网篮中进出油槽，完成油炸过程，其优点是灵活性强，适用于零售、餐饮等服务业。连续式油炸设备使用输送链传送产品进出油槽，并且油炸时间可以很好控制，适用于规模化生产。油炸设备按锅内压力状态可以分为常压式和真空式两种。常压式油炸需要油温在 140℃ 以上的物料的炸制。真空式油炸设备适用于油炸温度不能太高的物料，如水果蔬菜物料的炸制。油炸设备可根据炸油的加热方式，分为煤加热式、油加热式、电加热式、蒸汽加热式、燃气加热式和导热油加热式等。

油炸设备还可以按所用油分的比例划分和工作方式划分。按照油分比例可以分为油水混合式和纯油式两种。油水混合式是一种较新的油炸加工技术，油水混合式油炸好处是可以方便地将油炸产生的碎渣从炸油层及时分离（沉降）到水层中。小型间歇式和大型连续式的油炸设备都可采用油水混合工艺。

一、间歇式油水混合油炸机

炸制食品时，滤网置于加热器上方，在油炸锅内先加入水至规定位置，再加入炸用油至高出加热器 60mm 的位置。由电气控制系统自动将油温控制在 180～230℃。

无烟型多功能油水混合式油炸装置见图 4-10 所示，主要由油炸锅、加热系统、冷却系统、滤油装置、排烟气系统、蒸笼、控制与显示系统等构成。

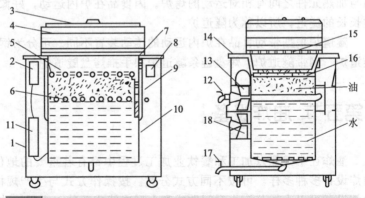

图 4-10 无烟型多功能油水混合式油炸锅

1—箱体；2—操作系统；3—锅盖；4—蒸笼；5—滤网；6—冷却循环系统；

7—排油烟管；8—温控显示系统；9—油位指示器；10—油炸锅；

11—电气控制系统；12—放油阀；13—冷却装置；14—蒸煮锅；

15—排烟孔；16—加热器；17—排污阀；18—脱排油烟装置

炸制过程产生的食品沉渣从滤网漏下，经油水界面进入下部的冷水中，积存于锅底，定期由排污阀排出。所产生的油烟通过排油烟管由脱排油烟装置排出。水平圆柱形加热器只在表面 240℃ 范围发热，油炸锅外侧有高效保温材料，使得这种油炸锅有较高的热效率。水层在通风管循环空气冷却作用下可自动控制在 55℃ 以下。油炸机上的蒸笼利用油炸产生的水汽加热，从而提高了这种设备的能量效率。这种设备具有限位控制、分区控温、自动过滤、自我洁净等功能，具有油耗量小、产品质量好等优点。

二、连续式油炸机

连续式油炸机结构如图 4-11 所示，有五个独立单元操作组成，即油炸槽、带恒温控制的加热系统、产品输送系统、炸油过滤系统、排汽系统。

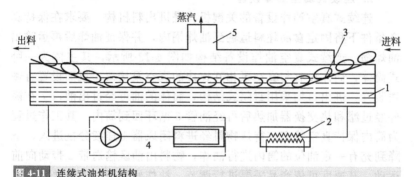

图 4-11　连续式油炸机结构

1—油炸槽；2—加热系统；3—输送系统；4—滤油系统；5—蒸汽排除系统

三、真空油炸设备

由于在真空环境中进行油炸，所需油温较低，产品受氧化影响减小。真空油炸尤其适用于含水量较高的果蔬物料炸制。真空油炸设备可按操作的连续性分为间歇式和连续式两种。

1. 间歇式真空油炸设备

图 4-12 所示为一套间歇式真空油炸装置简图，主要由油炸釜、真空泵、电动机、储油箱和过滤器等构成。油炸釜为密闭器体，上部与真空泵 3 相连。为了便于脱油操作，内设由电动机 1 带动的离心甩油装置，油炸完成后，釜内油面降低至油炸产品以下，开动电动机进行离心甩油，甩油结束后取出产品，进行下一周期的操作。

过滤器 5 的作用是过滤炸油，及时去除油炸产生的渣子等产物。

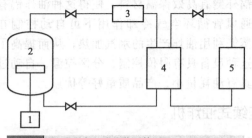

图 4-12 间歇式真空油炸装置简图

1—电动机；2—油炸釜；3—真空泵；4—储油箱；5—过滤器

2. 连续式真空油炸设备

连续式真空油炸设备的关键机构是进出料机构。要求在保持真空条件下将固定食品坯料运输到油炸锅内，并保证油炸后再运输出油炸锅。连续式真空油炸设备结构如图 4-13 所示，其主体为一卧式筒体，筒体设有与真空泵相互连接的真空泵接口，里面设置有输送装置，进出口均采用封闭式结构，筒体的油可经过出油口 7 在筒外经过滤和热交换器加热后再经油管 6 循环回到筒内。其工作过程为筒内保持真空状态，待炸物料经进料闭风器 1 连续分批进入，下降到充有一定油位的筒内进行油炸，物料由油区输送带 2 带动向前运动，其速度可依产品需要进行调节。油炸好的产品由输送带 2 送入无油区输送带 3、4 上，再经沥油后由出料闭风器 5 连续输送出来。

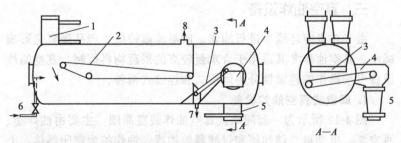

图 4-13 连续式真空油炸设备结构

1—进料闭风器；2—油区输送带；3，4—无油区输送带；
5—出料闭风器；6—油管；7—出油口；8—接口

第五章　烘烤类中式糕点 <<<<

烘烤是利用烘烤炉内的高温，即热空气传热使糕点成熟的一种方法。一般烤炉的炉温都在 160~300℃之间。炉内高温的作用，可使制品外表层呈金黄色，富有弹性和疏松性，达到香酥可口的效果。

▌第一节 烘烤油酥类

酥类糕点是使用较多的油脂和糖调制成酥性面团，经成形、烘烤而制成的组织不分层次、口感酥松的制品。

一、核桃酥

核桃酥属于酥性面团制品。其面团是用适量的油、糖、蛋、水和其他辅料与面粉调制成的面团，缺乏弹性和韧性，属重油类产品，非常酥松。由于油脂界面张力很大，使其能均匀地分布于面粉颗粒表面，形成了一层油脂薄膜；在不断搅拌的条件下，油脂和面粉能较为广泛地接触，从而增加和扩大油脂和面粉的黏结性。这时的面团只是油脂紧紧依附在面粉颗粒的表面，使面粉中蛋白质不易与水形成面筋网络结构，故此面团不能充分形成面筋，面团韧性降低，可塑性增强，酥松性较好。

1. 原料配方

（1）配方一　面粉 10kg、白砂糖 4.5kg、油脂 4.5kg、鸡蛋

2kg、碳酸氢铵或泡打粉 100g、小苏打（碳酸氢钠）400g、核桃仁适量。

（2）配方二　面粉 10kg、白砂糖 6kg、熟猪油 5.5kg、鸡蛋 2kg、糖浆 2kg、核桃仁 0.8kg、碳酸氢铵或泡打粉 100g、小苏打（碳酸氢钠）40g。

（3）配方三　面粉 1100g、白砂糖粉 440g、植物油 440g、桂花 20g、核桃仁 30g、臭粉（泡打粉）10g、水 120g。

2. 操作要点

（1）面团调制　将油脂、白砂糖、鸡蛋、水放入调粉机内充分搅拌，形成均匀的乳浊液后，加入碳酸氢铵、小苏打及其他辅料搅拌均匀，最后加入面粉拌匀。油脂、白砂糖、水必须充分乳化，乳化不均匀会使面团出现发散、浸油、出筋等现象。加入面粉后，搅拌时间要短，速度要快，防止面筋形成。

①人工调制　要将面粉倒在面案上或盆中，中间扒个坑，加入白砂糖，再加入碳酸氢铵、小苏打、油和鸡蛋。将油脂和鸡蛋充分搅匀，再将小麦粉调成软硬适度的面团。

②机械调制　要首先把小苏打、碳酸氢铵、白砂糖、糖浆、鸡蛋擦匀使溶解。加入油料、核桃仁混合，然后投入面粉拌匀。不要搓揉以免起筋渗油。

（2）成形　将和好的面团分别切成长方条状，再顺长滚成长圆条，切成均匀小面剂进行分摘（一般以 1000g 面粉为基数，按配方调制的面团，可将其分成 50 块生坯）。

①模具成形　依次将生坯放入模具内压严按实，用刀削去多余部分，磕出，轻轻的整齐码入烤盘（防止走形）。

②手工成形　将小生坯揉圆后压扁，再排入烤盘中，撒上黑芝麻（或核桃仁）装饰，再刷上鸡蛋液，然后放入烤箱。也可以将分好的生坯用擀面杖擀至约 1cm 厚的大片，制成直径约 6cm 的圆饼，在饼中间按一个小坑，刷上蛋浆，放入少许核桃仁或芝麻等，再刷蛋浆，摆入烤盘。

（3）烘烤　将盛有生坯的烤盘送入 180～220℃炉中烘烤，根据桃酥块大小确定烘烤温度和时间，烘烤至饼面呈裂纹状并稍有金黄色即成熟。核桃酥的特点是表面呈裂纹状的圆饼形，要使圆形的饼坯自然摊裂并形成裂纹，烘烤中炉温的控制是关键的一步。注意观察摊裂情况，如果摊裂较快，则适当提高炉温至180℃，使之尽快干化板结定型；如果摊裂较慢，可关掉炉火，炉温自然下降，促使其摊裂，待饼坯摊裂至合适大小时，马上开火提高炉温定型。

（4）冷却　出炉后成品应充分冷却，以防制品内部余热未尽而造成碎裂。

3. 注意事项

（1）使用化学膨松剂时，小苏打、碳酸氢铵或泡打粉都必须用蛋液溶解后才能拌入面团中，否则烘烤后成品会出现黄斑，且带有苦味。

（2）面团软硬要适中，过硬则起发膨胀差，表面裂纹不匀，规格偏小；过软则起发膨胀过大，表面裂纹太细，制品摊泻太多，规格偏大。一般冬天面团可能稍硬，可多加25kg左右的油来调节，不宜加水；夏天如面团过软，可适当减少油。

（3）饼坯摆上烤盘时，相互间一定要留有匀称的间距，不能小于饼坯的直径，以免在入炉烘烤受热时，饼坯向四周摊裂，互相粘连在一起，出炉时就会使整个烤盘都相互黏结，扳断分开呈一个个成品时，其外形就会残缺不齐，破坏美观。

（4）面团调好后要及时分摘，摆盘，装饰和烘烤，不宜放置过久，以防止面粉中蛋白质吸水胀润起筋，影响起发和酥松性。

二、燕麦桃酥

1. 原料配方

面粉20kg、燕麦粉5kg、绵白糖10kg、食用植物油10kg、泡打粉3g。

2. 操作要点

（1）和面　将绵白糖加入到食用植物油中充分溶解，将燕麦粉和10kg面粉蒸熟，把熟面粉、燕麦粉、泡打粉倒入食用植物油中充分拌和，再加入剩余的面粉；揉成松散的面团。

（2）整形　将面团逐个揉成直径为10cm左右的面饼，放入擦净的烘烤盘中。

（3）烘烤　整形后的饼坯放入预热后烤箱内，在高温下烘烤6～10min，待表面光泽与花纹色泽一致后即可离火，冷却至室温，即为成品。

（4）成品 桃酥质酥松，其特殊的香味及滑爽性使桃酥具有良好的口感。

3. 注意事项

当燕麦粉与面粉比例超过 2∶3 时，又会使桃酥的适口性下降，外观色泽变差。燕麦粉添加量与面粉比例为 1∶4，制作出的桃酥不论外观形态还是口感都比较好。

三、马铃薯桃酥

1. 原料配方

面粉 10kg、白砂糖 3.8kg、马铃薯全粉 3kg、猪油及花生油 3kg、碳酸氢铵 0.13kg、水 2.5L。

2. 操作要点

（1）面团调制 将糖、碳酸氢铵放入和面机中，加水搅拌均匀，再加入油继续搅拌，最后加入预先混合均匀的马铃薯全粉和面粉，搅拌均匀即可。

（2）切剂 将调制好的面团切成若干长方形的条，再搓成长圆条，按定量切出面剂，每剂约 45g，然后撒上干面粉。

（3）成形 将面剂放入模具内按实，再将其表面削平，磕出即为生坯，按照一定的间隔距离均匀地放入烤盘。

（4）烘烤 将烤盘放入烤箱或烤炉中，烘烤温度 180～190℃，烘烤时间为 10～12min，烘烤结束后，经过自然冷却或吹风冷却，经包装后即为成品。

四、莲蓉甘露酥

1. 原料配方

低筋面粉 10kg、白糖 5.5kg、黄油 5kg、净鸡蛋 2kg、泡打粉 200g、碳酸氢铵 100g、吉士粉 500g、莲蓉馅 20kg。

2. 操作要点

（1）和面 将面粉、碳酸氢铵粉、泡打粉和吉士粉和匀筛过，放到和面机容器中，再加入白糖、黄油、鸡蛋搓至白糖溶化，搅拌均匀后待用。搅拌时切勿高速或时间过长，否则会上劲或泄油，影响质量。要掌握面粉的质量，冬季面粉干燥，可多放一些黄油，来调节皮身的软度。

（2）成形　将皮面揪剂，包入莲蓉馅，做成圆球形稍压扁，放进饼盘。在其表面刷一层蛋液即成生坯，待其干后再刷一次。

（3）烘烤　烤箱温度升至180℃时，生坯放进烤箱，饼呈山形，表面有裂纹，即成莲蓉甘露酥烤。

五、杏仁酥

1. 原料配方

（1）面团料　面粉1000g、植物油450g、白砂糖360g、鸡蛋36g、小苏打9g、水90g。

（2）装饰料　杏仁100g。

2. 操作要点

（1）和面　面粉过筛后，置于案板上，围成圈。把白砂糖投入，同时将洗净的鸡蛋磕入，搓擦成乳白色时，加入适量的水和已溶化的小苏打，搅拌后加入植物油，充分搅拌乳化后，再加入面粉，调成软硬适宜的酥性面团。

（2）成形　将调好的面团分成大小适中的小块，分别摘成12个剂子，做出高1.5cm，直径3cm的上大下小的圆饼，中间按一个窝，放一个杏仁。找好距离，排入烤盘，准备烘烤。

（3）烘烤　调好炉温至180～220℃，将排好生坯的烤盘送入炉内，进行烘烤，烤成麦黄色，色泽一致，熟透即可出炉。

六、枣泥桃酥

1. 原料配方

面粉1000g、枣泥500g、核桃仁100g、淮山药100g、猪油300g。

2. 操作要点

（1）制酥　将核桃仁擀碎，加入枣泥，淮山药制成馅；取面粉400g，放在案板上，加入猪油200g，搅匀，成干油酥。

（2）和面　把剩余的面粉放在案板上，加猪油100g，加水适量，和成水油面团。

（3）整形　将干油酥包入水油面里卷成筒状，按每50g油面做成枣泥酥2个，用刀切成剂子，擀成圆皮，然后用左手托皮，右手把枣泥馅装入皮内，收严口子，搓椭圆形，用花钳将圆坯从顶到底按出一条凸的棱，再在棱的两侧按出半圆形的花纹。

（4）油炸　将油炸炉调温至170℃，把生坯投入炸至见酥浮面呈黄色即成。

（5）冷却　出锅后，稍凉即酥。

七、奶油浪花酥

1. 原料配方

（1）面糊料　面粉1kg、白砂糖粉0.6kg、奶油0.6kg、熟面粉300g、鸡蛋160g、香兰素1g、碳酸氢铵3g、水210g。

（2）果酱点料　苹果酱100g，食用红色素5g。

2. 操作要点

（1）制面糊　将奶油放在容器内（锅或盆，亦可用立式搅拌机调制），用木搅板进行搅拌（冬季需将奶油加温使其稍溶软），边搅拌边将白砂糖粉、鸡蛋、香兰素陆续加入，搅拌呈均匀的乳白微黄色，然后把水分数次搅入（碳酸氢铵溶化于水内），再搅拌混合均匀，投入面粉拌和成面糊。

（2）成形　将面糊装入带有花嘴的挤糊袋内（花嘴为八个花瓣，口径1～1.3cm），在干净的烤盘上，找好距离，挤成浪花形，在点心坯尾部花朵中间，挤一红色苹果酱点，即为浪花酥生坯。

（3）烘烤　调整好炉温，用中火烘烤，待点心表面花棱呈浅黄色，花棱间为白色，底面为浅金黄色，熟透后出炉。

（4）包装　晾凉后包装即为成品。

八、奶油巧克力蛋黄酥

1. 原料配方

（1）制糊料　面粉10kg、白砂糖6.2kg、奶油6.2kg、鸡蛋5.6kg、香兰素9g。

（2）黏合果酱　苹果酱8kg。

（3）粘表面料　白砂糖8kg，可可粉250g。

2. 操作要点

（1）制面糊　先将奶油放入容器内（如果奶油凝固性大，应砸软或稍加热溶软），用木搅板进行搅拌起发无凝固块，加入白砂糖粉、香兰素继续搅拌起发均匀，将鸡蛋液分次投入，经充分搅拌，起发均匀，加入面粉拌和成面糊。

（2）成形　将面糊装入带有圆嘴的挤糊袋内（圆嘴口径约1cm），在铺纸的烤盘上找好距离挤成长约5cm的馒圆长条形，挤满盘后入炉烘烤。

（3）烘烤　调整好炉温，用中火烤至表面浅黄色，底面浅金黄色，熟后出炉，趁热将点心从纸上抖落，冷却以待黏合装饰。

（4）黏合及粘可可砂糖　将点心熟坯，两个为一组底对底用果酱黏合，在点心的一角斜粘挂上已溶化好的可可砂糖液，待砂糖液凝固即成。

九、奶油小白片

1. 原料配方

面粉 10kg、奶油 8.4kg、白砂糖 8.4kg、鸡蛋清 5kg、香兰素 15g。

2. 操作要点

（1）调制面糊　奶油置于容器内，用木搅拌浆进行搅拌，搅拌至无凝块（冬季奶油凝固性大，可稍加温，或砸搓使其变软），投入香兰素陆续加入白糖粉搅到起发，呈乳白色后分次加入鸡蛋清，搅打混合均匀投入面粉，拌匀即成面糊。

（2）成形　将面糊装入带有圆嘴（口径约 1.3cm）的挤糊袋内，在干净并已擦油的烤盘上挤成圆饼形，挤时要找好距离，以防入炉摊片时粘连。挤满盘后入炉烘烤。按成品每千克160块取量。

（3）烘烤　用慢火烤（底火应高于上火），待表面乳白色，周边金色，底面金黄色，即可出炉。

十、燕麦酥饼

1. 原料配方

燕麦粉 1kg，小麦面粉 1kg，白糖 0.5kg，豆油 0.4kg，食盐 50g。

2. 操作要点

（1）调馅　先将配方中的全部燕麦粉、白糖、食盐和 0.2kg 豆油掺在一起，搅拌均匀，再加水 0.44L 调匀做馅。

（2）调制油酥面团　称取小麦面粉 0.35kg，豆油 0.1kg 搅拌混合均匀，调成油酥。

（3）调水油面团　将剩余的 0.65kg 小麦面粉和 0.1kg 豆油混合在一起，加温水 1L 搅拌和成面团。

（4）整形、包馅　将面团反复揉搓，揉匀揉透，静置几分钟后压片，将油酥面团包在压好的面片内混合均匀，做成 20g 重的剂子，然后每个剂子内放入调好的燕麦粉馅子，包好。

（5）压扁、刷糖　将包好馅子的燕麦圆饼，压扁，刷上糖浆。

（6）烘烤　将刷好糖浆的生坯，置于烤炉中进行烘烤，炉温控制在 160～180℃，烤 15～18min 即可。

（7）冷却　烤熟后的产品出炉，经过自然冷却至 37～40℃即可。

十一、酥性饼干

酥性饼干是以小麦粉、糖、油脂为主要材料，加入疏松剂、改良剂和其他辅料，经粉浆工艺调粉、辊压或不辊压、成形、烘烤制成的表面花纹多为凸花、断面结构呈多孔状组织、口感酥松或松脆的饼干。

1. 原料配料

标准粉 10kg、白砂糖 4.4kg、起酥油 1.8kg、淀粉 1.1kg、磷脂 0.11kg、精盐 33g、香兰素 2g、碳酸氢铵 44g、小苏打 66g。

2. 操作要点

（1）面团的调制　先将糖、油、膨松剂等原料与适量的水倒入和面机内搅拌均匀形成乳浊液，然后将面粉、淀粉倒入和面机内，调制 6～12min。香精要在调制成乳浊液的后期再加入，或在投入面粉时加入。

（2）辊轧　酥性面团在使用压片机滚轧面片厚度约为 2～4cm，较韧性面团的面片为厚。由于酥性面团中油、糖含量多，轧成的面片质地较软，易于断裂，所以不应多次辊轧，更不要进行 90°转向，一般以 3～7 次单向往复辊轧即可，也有采用单向一次辊轧的。

（3）成形　经辊轧工序轧成的面片，经各种成形机制成各种形状的饼干坯，如鸡形、鱼形、兔形、马形和各种花纹图案。

（4）烘烤　烘烤炉的温度和饼干坯烘烤的时间，随着饼干品种与块形大小的不同而异。酥性饼干炉温控制在 240～260℃，烘烤

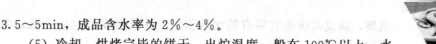

3.5～5min，成品含水率为 2%～4%。

（5）冷却　烘烤完毕的饼干，出炉温度一般在 100℃以上，水分含量也稍高于冷却后成品的水分含量，应及时冷却到 25～35℃。在夏、秋、春的季节中，可采用自然冷却法。如果加速冷却，可以使用吹风，但空气的流速不宜超过 2.5m/s，否则水分蒸发过快，易产生破裂现象。

3. 注意事项

（1）香精要在调制成乳浊液的后期再加入，或在投入小麦粉时加入，以便控制香味过量的挥发。

（2）面团调制时，夏季因气温较高，搅拌时间缩短 2～3min。面团温度要控制在 22～28℃。油脂含量高的面团，温度控制在 22～25℃。夏季气温高，可以用冰水调制面团，以降低面团温度。

（3）如面粉中湿面筋含量高于 40%时，可将油脂与面粉调成油酥式面团，然后再加入其他辅料，或者在配方中抽掉部分面粉，换入同量的淀粉。

（4）面团调制均匀即可，不可过度搅拌，防止面团起筋。

（5）面团调制操作完成后不必长时间的静置，应立即轧片，以免起筋。

十二、癫皮饼

此饼之所以叫癫皮饼，是因为其表面布满疙瘩和不规则的凹坑。

1. 原料配方

（1）皮料配方　面粉 10kg、白砂糖 2.28kg、植物油 2.85kg、麻油 1.7kg、清水 2kg、碳酸氢铵 28g。

（2）馅料配方　熟面粉 10kg、白砂糖 10kg、植物油 5kg、麻油 1.6kg、淀粉糖浆 0.8kg、花生仁 0.8kg、芝麻仁 1.25kg、糖桂花 1.25kg。

（3）饰面料　食用红色素适量。

2. 操作要点

（1）调面团　面粉、白砂糖粉置于操作台上拌和均匀，将植物油、麻油烧至 120℃左右，徐徐浇在拌好糖粉的面粉上，拌成珍珠疙瘩状，然后用开水烫面，拌和后揉搓到软硬适宜，最后擦入碳酸氢铵，搓成软硬适宜带有筋状的面团，分成每块 3.25kg，每块各下 50 个小剂。

（2）制馅　熟面粉、白砂糖粉拌和均匀，过筛后置于操作台上围成圈，中间加入切碎的小料，以及植物油、麻油和适量的水，搅拌均匀后与拌好糖粉的熟面粉擦匀，软硬适宜。分成每块 2kg，每块各打 50 小块。

（3）成形　取一小块皮面从四周向中间往返折叠起褶皱，至表面有面筋疙瘩后按压成中间厚的圆饼，将馅包入，呈圆形。底面垫粘上一小方纸，表面印一红点，扎一小气孔，摆入烤盘，准备烘烤。按成品每千克 12 块取量。

（4）烘烤　调好炉温（180～190℃），将已摆好生坯的烤盘送入炉内。上火稍大，烤成表面红黄色，底面红褐色，熟透出炉。冷却后取下小方纸，装入箱内。

3. 注意事项

要求饼呈馒圆形，表面自然形成不规则的凹陷或凸起的小疙瘩，如癞皮，不裂大纹。表面金黄色（棕黄），底面红褐色。

十三、京式自来红

1. 原料配方

（1）皮料　面粉 10kg、白砂糖 0.5kg、饴糖 0.5kg、麻油 4.5kg、小苏打 20g、水适量。

（2）面料　饴糖 200g、白砂糖 100g、蜂蜜 50g、食碱 10g。

（3）馅料　熟粉 8kg、麻油 9.6kg、核桃仁 3kg、冰糖 2kg、白糖 1kg、瓜子仁 300g、桂花 1kg、青丝 500g、红丝 500g、水适量。

2. 操作要点

（1）调面团　白砂糖和饴糖置于搅拌桶内，冲入开水使糖溶化；再将麻油投入，在搅拌机上充分快速搅拌使其乳化，放入碳酸氢铵，溶化后加入面粉搅拌均匀，调制成软硬适宜略带筋性的面团。

（2）调制馅料　将白砂糖、香油、熟粉依次放入和面机中搅拌均匀，再加入其他辅料继续搅均匀。

（3）定量分摘

① 饼皮分摘　取面团 1.5kg 放在面板上，用手按平，再用擀面杖擀薄，然后从中间切开，从外缘往里卷成条，摘成 30 小块。

② 切馅　将馅摊成长方形馅酷块，然后切成长方形的馅条。

（4）包馅、成形　按皮馅 6∶4 的比例，将馅包入皮中，注意收口封严，不要偏皮漏馅。然后用手按住扁圆形生坯。将生坯放入盘内，间隔均匀。

（5）表面装饰　将饴糖、白砂糖、蜂蜜、食碱放入锅中，加入少量水，边加热边搅拌，制成枣红色的浆水。然后在饼面上打印圆圈磨水戳。

（6）烘烤　烘烤温度为 200～210℃，烘烤 8～15min 即可出炉。上下火为稳火。待制品表面烤成棕黄色，底面金黄色，熟透出炉，冷却后装箱。

十四、自来白月饼

1. 原料配方

（1）皮料配方　富强粉 10kg、白砂糖 0.75kg、猪油 5kg、碳酸氢铵 13g、开水 2.25kg。

（2）馅料配方　熟面粉 10kg、白糖粉 20kg、猪油 12kg、山楂糕 3.75kg、核桃仁 2.5kg、冰糖屑 2.5kg、糖桂花 1.3kg、青红丝 1.3kg、瓜子仁 0.6kg。

2. 操作要点

（1）调面团　在搅拌桶内加入白砂糖，冲入开水使其溶化，再将猪油投入，在搅拌机上充分快速搅拌使其乳化。油、水混合液在 40℃ 左右时放入碳酸氢铵，溶化后加入面粉搅拌均匀，调成软硬适宜略带筋性的面团。分成每块 3.05kg，每块各下 80 个小剂。

（2）制馅　在搅拌机中按顺序加入白糖粉、猪油，搅拌均匀后投入熟面粉，再拌匀后加入其他切碎的果料，继续搅拌均匀，软硬适宜。分成每块 2.25kg，每块各打 80 小块。

（3）成形　取一块小皮面擀成长方形，从两端向中间折叠成三层；再擀长后，从一端卷起，将小卷静置一会按压成扁圆形；再静置一会，用小擀杖擀成中间厚的薄饼，静置后取一小馅包入，剂口朝下，制成圆形。底面垫一小方纸，表面打戳记（除白糖馅心外的白月饼，均需打戳记标明），用细针扎一气孔，找好距离，码入烤盘，准备烘烤。按成品每千克 16 块取量。

（4）烘烤　调好炉温（180℃左右），上下火为稳火，将摆好生坯的烤盘送入炉内，烘烤 16min 后熟透出炉，冷却后装箱。

第二节 烘烤松酥类

松酥类糕点是使用较少的油脂、较多的糖（包括砂糖、绵白糖或饴糖），辅以蛋品、乳品等并加入化学疏松剂，调制成具有一定韧性、良好可塑性的面团，经成形、烘烤而制成的口感疏松的制品。

一、冰花酥

1. 原料配方

特制粉 10kg、绵白糖 3.5 kg、白砂糖 2kg、饴糖 1.2kg、食用油 2kg、鸡蛋 1kg、碳酸氢铵 5g、桂花适量、水适量。

2. 操作要点

（1）面团调制　先将水、饴糖、鸡蛋、碳酸氢铵放到和面机内搅拌均匀，再放进桂花和油搅匀，最后放入面粉搅一拌均匀即可，搅拌时间不要太长，防止面粉起面筋。

（2）成形　将搅拌好的面团擀压成长方形薄片，厚度为 8mm 左右。之后用椭圆形和桃形两种模具将面片分割成形，然后将其表面粘水，将湿布浸湿，平铺在烤盘内，再黏附白砂糖，之后按合适间距摆放烤盘就可以了。

（3）表面装饰　在生坯表面挤附调制成稀糊状，在桃形生坯表面桃尖处喷红，即可进烤炉了。

（4）烘烤　烤炉温度 200℃，时间 10min 左右，便可出炉。

（5）冷却　出炉后成品应充分冷却，以防制品内部余热未尽而造成碎裂。

二、香蕉酥

1. 原料

特制粉 10kg、鸡蛋 1kg、绵白糖 4.5kg、熟猪油 4kg、蒸熟面粉 2kg、碳酸氢钠 0.1kg、糖玫瑰花 0.05kg、水适量。

2. 操作要点

（1）面团调制　先将油脂、绵白糖、鸡蛋、碳酸氢钠和适量的水充分搅拌，然后加入特制粉继续搅拌均匀。要注意用水调整把握面团的软硬程度，面团不宜过软，否则影响成形，也不宜过硬，以免影响松酥度。

（2）制馅　将糖玫瑰花切细准备好，然后与蒸熟的面粉、熟猪油、绵白糖等其他馅料搅拌均匀，取出备用。

（3）成形　将面团等分小块，包馅后，搓成长条形，略加压扁，用曲线小车轮在制品坯面上画曲线型条纹三条，或放进成形模内，用手压实、然后敲击。

（4）装盘、涂蛋液　先将饼坯有序的排列烤盘内，然后将蛋液搅打均匀后，用排刷将蛋液均匀的涂刷在饼坯表面，不能太多或太少，避免影响上色。

（5）烘烤　烤炉温度控制 220～260℃，烘烤时间约 5～10min 左右，具体温度和时间要根据饼坯的大小决定，饼坯大、温度低、时间长，饼坯小、温度高、时间短，表面呈金黄色即可出炉。

（6）冷却　饼坯出炉后应该及时冷却，充分冷却后再进行包装。

三、德庆酥

1. 原料配方

熟富强粉 10kg、白糖粉 10kg、猪油 3.2kg、鸡蛋 1.5kg、泡打粉 1kg、小苏打 0.4kg、熟芝麻 0.8kg、熟花生 0.8kg、水适量。

2. 操作要点

（1）原料准备　将烤熟的花生去皮后与熟芝麻混合，研磨成碎屑，混入面粉拌和过筛，制成备用面粉。

（2）面团调制　将上述备用面粉倒入和面机中，再分别加入白糖粉、鸡蛋、猪油、小苏打、泡打粉和适量的水，开动和面机将各料搅匀，混合成较松散的面团。面团不宜过干或过湿。若过干，粉粒间黏结力弱，烘焙时不能包裹住疏松剂释放的气体，成品难于成形；如湿度过大，坯料与模板会黏结，在烘焙时容易变形，也难以保持成品的表面光洁与花纹清晰。用水调整面团的黏稠度。

（3）成形　按照要求重量将面团均匀的分割成小块，之后模具成形。

（4）烘烤　根据生坯大小选择合适的烘烤温度和时间，一般烤炉温度保持在 140～160℃，待表面凸起、呈金黄色即可出炉。

（5）冷却　出炉后的制品及时冷却。

四、苏式金钱饼

1. 原料配方

熟富强粉 10kg、白糖 10kg、猪油 3.2kg、鸡蛋 1.5kg、小苏打 0.4kg、泡打粉 1kg、熟芝麻 0.8kg、熟花生 0.81g、水适量。

2. 操作要点

（1）原料准备　将熟花生去衣，与熟芝麻研磨成碎屑，掺入面粉拌和过筛，制成备用面粉。

（2）面团调制　将上述备用的面粉倒入和面机容器中，再倒入白糖、鸡蛋、猪油、小苏打、泡打粉和适量的水。用手将各料搅拌均匀，形成较松散的面团。

（3）成形　将面团等分小块，用模具成形。

（4）烘烤　烘烤温度保持在 140～160℃，根据饼坯大小适当调整烘烤温度，待表面凸起、呈金黄色即可出炉。

五、京式状元饼

1. 原料配方

特制粉 10kg、枣泥馅 10kg、绵白糖 3kg、饴糖 3kg、熟猪油 2kg、鸡蛋液 0.8kg、碳酸氢钠 50g、桃仁适量、水适量。

2. 操作要点

（1）面团调制　先将绵白糖、饴糖、熟猪油、鸡蛋液搅拌均匀，加入面粉和碳酸氢钠搅匀均匀。调制面团时应使油、糖、蛋混合均匀，乳化充分。加入面粉不宜过多搅拌，以防面团上劲。调好的面团不易长时间放置。

（2）馅料制备　把果料加入预先制好的枣泥馅料中，馅料的软硬程度应与皮面相同，馅料调整软硬程度可以加油调整，不能加水。

（3）包馅　包馅时边揉推，边旋转，逐渐合拢系口。

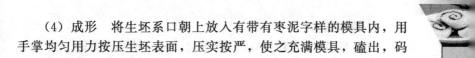

（4）成形　将生坯系口朝上放入有带有枣泥字样的模具内，用手掌均匀用力按压生坯表面，压实按严，使之充满模具，磕出，码盘，进行烘烤。

（5）烘烤　炉温掌握在180～200℃，烘烤15min左右成熟出炉，冷却后包装。

六、猪油松子酥

1. 原料配方

（1）皮料　特制粉10kg、绵白糖3kg、饴糖2kg、植物油1kg、鸡蛋1kg、碳酸氢钠50g、水适量。

（2）馅料　糖渍板油丁10kg、松子仁适量、糖玫瑰花适量。

2. 操作要点

（1）面团调制　先将绵白糖、饴糖、鸡蛋与植物油搅拌均匀，然后加入面粉、碳酸氢钠继续搅拌均匀，软硬适中。加水时必须一次加够，严格控制面筋量的生成。

（2）馅料制备　糖玫瑰花切细，与糖渍板油丁搅拌均匀即成。

（3）包馅、成形　按规格下剂后包馅。包馅时不全部包严，中心露馅，欲成扁圆一形，中间压低，用曲线型小车轮（专用工具）在饼坯面上由中心向圆周画曲线型条纹条，要求划到边，间隔均匀，不歪斜。

（4）装盘、刷蛋液　先将饼坯有间隔地整齐排列在烤盘内，然后将蛋液搅打均匀后用排笔将蛋液涂刷于制品表面。要求涂刷均匀，用力不宜重，并注意蛋液不要流到烤盘中，以免蛋液焦化；然后在饼坯中心露馅处放上2～3粒松子仁。

（5）烘烤　炉温在250～270℃。制品表面呈黄色，膨松自然即可出炉。炉温过低容易塌边，表面裂纹，光泽差，炉温太高，则外焦里生，影响膨松度，色泽不均匀。

（6）冷却、装箱　该制品含水量较高，必须冷透，再行装盒或装箱。

七、小凤饼

小凤饼是广式的著名糕点，原称鸡仔饼或凤饼，因有腐乳香味，又称"南乳凤饼"。

1. 原料配方

(1) 饼皮　面粉 10kg、麻油 1.8kg、饴糖 7.2kg、绵白糖 800g、水 800g，蛋液 600g（以涂饼面增光泽用）、精盐 160g、碱水 96g。

(2) 饼馅　糖白膘肉 10kg、熟面粉 1.87kg、砂糖粉 1.25kg、水 1.25kg、糕粉 875g、腐乳 625g、麻油 500g、葱 500g、熟芝麻 375g、花生仁屑 375g、精盐 125g、五香粉 5g、大蒜头少许。

2. 操作要点

(1) 拌馅　把做饼馅的原料，全部搅拌均匀，备用。

(2) 和面　把做饼皮的原料，也全部拌匀，制成面团，备用。用滚筒将皮滚薄，将饼馅卷入，搓成长卷条（直径约 1cm），用刀切成约 1.5cm 的小圆柱，将一个个小圆柱平放在烘盘上，略加撖扁，饼馅稍露于外。

(3) 烘烤　饼面涂上一层蛋液，然后放入烤炉烘焙，炉温 250℃，10～15min，烘烤到表面金黄色即成。

八、枣泥方

1. 原料配方

(1) 皮料　面粉 1000g、绵白糖 300g、饴糖 200g、植物油 120g、泡打粉 6g、小苏打 6g。

(2) 馅料　砂糖 220g、饴糖 60g、食用油 40g、枣泥馅 300g、豆沙馅 100g、玫瑰糖 20g、鸡蛋 100g。

2. 操作要点

(1) 和面　先把鸡蛋、绵白糖、小苏打和泡打粉倒入和面机容器中搅拌溶化，再加入水和油继续搅拌，均匀后倒入面粉搅匀，使面团稍微起面筋。

(2) 制馅　将砂糖、饴糖、食用油、枣泥馅等馅料混合搅拌，搅至均匀为止。

(3) 成形　将皮擀成长方形，表面刷水，然后将馅也擀成为皮面一半长度的长方形，铺盖在皮面一半处，再用另一半皮面盖在馅料上，切成若干个中等方块生坯。然后依次擀成 6mm 厚的方坯，表面刷蛋液，用带齿的划制花纹工具在生坯表面划波浪状花纹。

(4) 烘烤　将半成品整齐摆放在烤盘内，在 180～220℃温度下烘烤 6～10min，表面金黄色后出炉。

（5）修饰　待烤熟后，将其切成 3cm×3cm 或一定规格的正方块。

九、小麦酥

1. 原料配方

（1）皮　面粉 1000g、白糖 300g、葵花油 300g、大豆分离蛋白 210g、碳酸氢铵 10g。

（2）馅　熟面粉 250g、糖 60g、葵花油 200g、花生仁和芝麻仁共 300g、任何一种杂粮粉 50g、维生素 E 50mg。

2. 操作要点

（1）混合　按皮的配方在和面机内先加白糖、大豆分离蛋白和适量的水，混匀后再加入油，充分混匀后加入面粉进行混合。

（2）调面团　混匀后取出揉成面团。

（3）制坯　将面团搓成长条，分成小块，压平，包上已经混好的馅压平，放入烤盘内，以大豆分离蛋白和白糖按 10∶1 的比例混匀，刷在表面。

（4）烘烤　在 180℃温度下烘烤 10min 取出。

（5）包装　经冷却包装即为成品。

十、托果

1. 原料配方

面粉 10kg，糖粉 8kg，植物油 3kg，桂花 160g，碳酸氢铵 110g，水 1.6kg。

2. 操作要点

（1）调面团　面粉过罗后，置于操作台上，围成圈。将糖粉、桂花、碳酸氢铵和适量的水投入，搅拌使其溶化，再将油投入，充分搅拌。乳化后，加入面粉，调成软硬适宜的酥性面团。

（2）成形　将和好的面团压入两端扇面状的特制模内。压实摁严，用刀削平，振动出模。找好距离，摆入烤盘，准备烘烤。

（3）烘烤　调好炉温，将摆好生坯的烤盘送入炉内，用中火烘烤。烤成红黄色，熟透出炉。

（4）包装　晾凉后包装即为成品。

十一、大方果

1. 原料配方

(1) 坯料　面粉 10kg、白砂糖粉 4kg、花生油 3kg、碳酸氢铵 80g。

(2) 饰料　扑面粉 500g,刷面鸡蛋 1.5kg,芝麻 1kg。

2. 操作要点

(1) 制面团　面粉过筛后置于操作台上围成圈,投入白砂糖粉、碳酸氢铵及适量清水,搅拌溶化后加入花生油,充分搅拌乳化后迅速加入面粉,调成松散的酥性面团。

(2) 成形　将操作台板扫净,放上四方木框,把和好的面团平铺在框内,厚约 0.7cm,用走锤压平,擀光。以规格的木尺用刀切成 4cm×4cm 的正方形。表面均匀地刷上鸡蛋液,稀稀撒上芝麻,略晾后找好距离,摆入烤盘,准备烘烤。

(3) 烘烤　调好炉温,将摆好生坯的烤盘送入炉内,用中火 (180～200℃) 烘烤。烤成红黄色,熟透出炉。

(4) 包装　冷却后包装即为成品。

十二、糖火烧

1. 原料配方

面粉 10kg、红糖 10kg、芝麻酱 10kg、温水 7kg、酵母粉 100g。

2. 操作要点

(1) 和面　面粉放入和面机内,加上酵母粉,倒入温水和成面团,饧 30min。

(2) 搅拌　碾碎红糖中的硬块,与芝麻酱一起拌匀。

(3) 整形　将面团擀成长方形,均匀涂上麻酱红糖后卷起;然后将卷好的卷略压扁,从两边向中间折叠。

(4) 折叠　擀成长方形薄片,一切两半;取切好的一片,从两边 1/4 处向中间折叠 2 次,再擀成片,卷成卷。

(5) 成形　揪成一个个小剂,两边收口向下捏紧成圆形,稍压扁成形。

(6) 烘烤　烤箱预热 180℃左右,烤 15min 左右。

十三、黄桥烧饼

1. 原料配方

（1）水油皮　普通面粉 10kg、水 4kg、猪油 4kg、糖粉 1kg。

（2）油酥　低筋面粉 10kg、猪油 5kg。

（3）馅料　火腿丝 5kg、猪板油丁 5kg、白芝麻 5kg。

2. 操作要点

（1）和面　将水油皮的原料依次倒入和面机的容器中，揉成可拉至薄膜的面团。

（2）包酥　把油酥原料中猪油和面粉用手抓匀即是油酥，将水油皮和油酥等分成重量一致的水油皮面剂和油酥团。水油皮 15g/个、油酥 15g/个、馅料 20～25g/个。

（3）成形　取一个水油皮，搓圆后按扁包入一份油酥，收口捏紧朝下，擀成牛舌状翻面卷起，依次做完，依次将所有卷坯重复一遍，取一个卷坯，用擀面杖擀至圆形，包入馅料收口捏紧，滚圆后放在案板上，稍稍按压拍扁刷上一层清水蘸上芝麻。

（4）烘烤　将依次做好的生胚放入烤盘，送入预热好的烤箱中，上火 180℃、底火 200℃烘烤，烤大约 20min 至侧面起酥，饼面金黄色时出炉即成。

十四、小米酥卷

1. 原料配方

小米 1000g、白糖 230g、鸡蛋 40g、植物油 20g。

2. 操作要点

（1）磨浆　将小米洗净，用与米等量的水浸泡 4h 左右，夏季时间可短些，冬季时间可长些。然后用胶体磨制浆，细度要求不低于 80 目。制浆时尽量少加水，以制得的浆液能从胶体磨内顺利流出不堵磨为宜。

（2）配料　将米浆液、白糖、鸡蛋、植物油按配方比例加入搅拌机内，搅拌 10min 左右，调浆液浓度以达 24°Bé（波美度）左右为宜。

（3）上机制卷　上机前，对配好的浆液进行过滤，去除浆液中的小颗粒物，然后上机制卷。

（4）烘烤　将制成的小米卷，放入烘箱，控制温度在 200～
220℃下进行烘烤，约烘烤 4～7min 即可。

（5）冷却、检验、包装　烘烤成熟后出炉；自然冷却或吹冷风
冷却后，检验后包装。

第三节　烘烤酥层类

酥层糕点又称酥皮类糕点，因层次分明，质地松酥而得名。中
式有较多的品种，但工艺不同，形状有别。酥层糕点是由油面团包
入油酥（面粉调油）经延压、卷制而成，包入各种馅料烘烤后形成
不同风味的品种。我国各地都有当地的特色产品，代表品种如苏扬
月饼、杭州椒盐酥饼、京式八件、广式白绫饼、潮式老婆饼、高桥
酥饼等。产品特点是饼皮酥松、层次分明、口感松软，但容易
破碎。

一、千层酥

1. 原料配方

（1）皮料　面粉 1000g、奶油 830g、鸡蛋 80g、猪油 16g、食
盐 16g。

（2）馅料　奶油膏 1kg。

（3）饰面粉　白糖粉 100g。

2. 操作要点

（1）制皮面

① 冰油　将奶油拌入面粉 25g，用手擦匀，铺在塑料纸上，放
盘中进冰箱。

② 和面团　将过筛的面粉摊成盆形，把盐、猪油放在中间，
用手擦匀，然后倒入热水一起搅拌，拌匀后逐渐放入面粉和成面
团。用双手把面团抄起来，用力在台板上甩，边甩边揉，直到光滑
不粘手，有弹力为止。把揉甩透的面团搓成球形，用刀在上面开一
个十字口，用面粉袋盖起来，静置 30min，使面团充分起筋（俗称
饧面）。

③ 包油　将饧好的面团，沿十字口掰开，用擀面杖擀压成四

角形，中间厚，四角稍薄。把冰硬的奶油取出，用擀面杖拍打使之软化，做成长形，放在碾压过的面团中间，先将一角用手拉起将油包住，用同样办法将其他三个角逐一包好。

④折叠　用擀面杖轻轻地在包好奶油的面团上，从头压到底，使面团向两边伸展，对折成四层，进冰箱冷藏，45min以后，把冰硬的面团从冰箱取出，再进行碾压，折叠。如此连做3次。

（2）制熟坯　将起酥面皮用擀面杖碾压成厚3mm，大小同烤盘一样的坯皮，放入烤盘。表面用尖刀戳一些洞，使起酥坯经炉温烘烤后保持平整。

（3）烘烤　炉温180℃，烤至表面呈金黄色即可。

（4）成形、包装　将烘好的坯子放在台板上，涂一层奶油膏，再合上一层坯，用木板压平，面上刮上一层奶油膏，表面撒一层起酥碎屑，压平，然后切成长方块（长6cm、宽4cm），筛上糖粉。包装即成。

二、荞面咸味千层酥

1. 原料配方

面粉1000g、起酥油350g、荞麦粉120g、饴糖120g、大豆粉60g、花椒粉11～17g、精盐1g。

2. 操作要点

（1）和皮面　称取过筛的面粉530g，与全部荞麦粉、大豆粉放入搅拌机混匀，再加入120g起酥油及350g左右的温水，搅拌均匀，和成皮面团，揉匀，饧10min左右。

（2）拌馅　将剩下的470g面粉倒在案板上，加270g起酥油拌匀，搅成干油酥馅。

（3）包馅　将饧好的皮面团和油酥馅分成均匀的小块，包成饼坯。

（4）擀坯　将饼坯用小擀筒擀成长方形薄片，撒上精盐、花椒粉，然后从上、下两端向中间卷起，呈双筒状。靠拢后，用手稍按，用擀筒擀薄，再卷拢，再擀薄，反复多次，擀成几十层长约7cm、宽约5cm的薄饼坯即可。

（5）刷糖　将擀好的饼坯装入预先刷好油的烤盘内，再往饼坯表面上刷上一层饴糖。

(6) 烘烤　将刷好糖的生坯置于 200～230℃ 的烘箱内烘烤 10～12min 即可。

(7) 冷却　烤熟出炉后，待稍冷即铲入烘筛送入干燥箱，焙酥后就可包装。

三、千层红樱塔

1. 原料配方

黄油 1000g，面粉 900g，净鸡蛋 200g，清水 300g，红樱桃 50 个，白糖 30g。

2. 操作要点

(1) 制皮面　面粉 600g 过罗，在案上开窝，加入清水、鸡蛋 100g、白糖，用手混合擦匀后，掺入面粉揉擦至光滑，放入冰箱冰硬备用。

(2) 制心面　将面粉 300g 过罗后，与黄油在案上用酥槌砸至油面均匀，再放在盘里，置入冰箱待用。

(3) 包酥　从冰箱取出酥皮面，擀成长方形片，心面开成相当于皮面一半大小的长方片后，放在皮面上包严。再擀成长方形片，再折三层，入冰箱冰硬，取出再擀成长方形片，折三层，再入冰箱冰硬，再取出擀成长方形片，折成四层，最后擀成薄片，盖上湿布入冰箱冻硬待用。

(4) 成形　取出冰硬的酥片，用 5cm 的花边圆戳模刻下来，成花边圆片，再用 2cm 的圆筒在圆片的中间刻下一小片成圆圈状（刻成圆片、圆圈各一半）。用排笔蘸蛋液刷在圆片面上，再将圆圈放在圆片上，码入烤盘（轻拿、轻放），再用排笔蘸蛋液，刷在圆圈上。

(5) 烘烤　入炉用 180～200℃ 的高温，烤 15～20min，熟后晾凉，取出放在点心盘内，将半个樱桃放在圆圈孔内（即点心顶部）便成。

(6) 包装　冷却后包装即为成品。

四、双酥月饼

1. 原料配方

(1) 皮料　面粉 10kg、猪油 3kg、白糖浆 7kg、葡萄糖

0.5kg、碳酸氢铵 25g、扑面粉 0.5kg。

（2）酥料　面粉 7kg、猪油 3.8kg、白砂糖粉 0.5kg。

（3）馅料　熟面粉 13kg、白砂糖粉 13kg、猪油 4.5kg、麻油 2kg、花生米 2kg、核桃仁 1.5kg、瓜子仁 0.5kg、果脯 1kg、青梅 1kg、橘饼 1kg、葡萄干 1kg、青丝 0.5kg、红丝 0.5kg、糖桂花 1kg、水 2kg。

2. 操作要点

（1）制糖浆　按每 5kg 白砂糖加水 2kg 的比例，将白砂糖、水投入锅内，加热熬开后，加入明矾 35g。熬至 106℃过滤，冷却后备用。

（2）调面团　面粉过筛后置于操作台上围成圈，投入白糖浆、液体葡萄糖和溶化的碳酸氢铵，搅拌均匀后投入猪油，充分搅拌使其乳化；然后徐徐加入面粉，揉擦成软硬适宜的面团。分成每块 1kg，各下 25 个小剂。

（3）调酥　面粉过筛后置于操作台上围成圈，投入猪油、白砂糖粉，揉擦成软硬适宜的油酥面团。分成每块 1kg，各打 25 小块。

（4）制馅　将熟面粉、白砂糖粉拌和均匀，过筛后置于操作台上围成圈，中间加入切碎的小料，以及猪油、麻油和适量的水，搅拌均匀后与拌好糖粉的熟面粉擦匀，软硬适宜。分成每块 1kg，各打 25 个小块。

（5）成形　将皮面小剂揉搓后包入油酥，破酥后再擀成中间厚的扁圆形，将馅均匀包入。剂口朝上，装入带有"双酥"字样的模内，印制成形，振动出模。找好距离，摆入烤盘，扎一气孔，准备烘烤。按成品每千克 10 块取量。

（6）烘烤　炉温控制在 180～220℃，将烤盘入炉。初上炉，炉温较高，待制品成形后适当降低炉温。烤成表面金黄色，腰边乳白色，底面红褐色，熟透出炉，冷却后装箱。

五、鲜肉月饼

1. 原料配方

（1）皮料　中筋面粉 10kg、猪油 3.5kg、饴糖 1.2kg、水适量。

（2）酥料　低筋面粉 10kg、猪油 5kg。

（3）馅料　肉酱 20kg、白砂糖 0.75kg、盐 0.6kg、黄酒 0.5kg、熟芝麻 0.5kg、味精 0.15kg、姜 0.15kg、葱 0.25kg。

2. 操作要点

（1）制皮面　将饴糖、猪油和开水（水温夏季 70～80℃，冬季 100℃），搅拌均匀后徐徐和入中筋面粉，揉擦成水油面团。

（2）制酥　低筋面粉与猪油混合，用力搓擦成均匀的油酥面团。

（3）制酥皮　采用大包酥方法制取。将水油面团、油酥面团各分成 3 块（分 3 次操作）。将油酥包入水油面内，封口朝上，按平。在台板上撒些面粉，用长圆滚筒在水油面上来回推滚成 3cm 厚的酥皮，边皮不整齐处可用刀划去，把划下的边皮横放于酥皮上下，再用刀在中线处自左向右划通成两大块酥皮片，然后用双手由外向里卷成两个长条，每条摘坯 40 只。

（4）制馅　肉酱、盐、白砂糖、味精、熟芝麻、黄酒、葱、姜，顺一个方向拌和，拌透后再加水，继续拌至水肉融和并有黏性时即成肉馅。

（5）成形　每只皮 30g，馅 20g，封口收严。

（6）烘烤　烘烤时上火 180℃，下火 200℃。部分上色后，翻转面再烤。

六、糖酥什锦月饼

1. 原料配方

（1）皮料　面粉 10kg、白砂糖粉 0.75kg、猪油 2kg、水 5kg。

（2）酥料　糕点粉 10kg、白砂糖粉 1.1kg、猪油 5.2kg。

（3）馅料　熟面粉 10kg、白砂糖粉 10.6kg、猪油 0.38kg、植物油 3.8kg、麻油 1.5kg、花生仁 2.3kg、核桃仁 1.1kg、青梅 0.76kg、橘饼 1.5kg、葡萄干 0.76kg、青红丝 0.76kg、水 0.76kg。

（4）薄面与装饰料　面粉 2kg、鸡蛋 1.5kg。

2. 操作要点

（1）和面　首先将猪油、温水（30～50℃）和白砂糖粉混合后搅拌均匀，再加入过筛后的面粉，混合均匀后，饧发一段时间，再用冷水或温水调制成软硬适宜的面团。分成每块 1.5kg 饧发，每块各下 50 个小剂。

（2）调酥　将白砂糖粉、猪油混合，再加入过筛后的面粉，擦成软硬适度的油酥性面团。

（3）制馅　首先将加工切碎的小料以及猪油、植物油、麻油和适量的水投入和馅机容器内，搅拌均匀。再将过筛后白砂糖粉、熟面粉投入和馅机内，搅拌成软硬适度的均匀馅料。擦匀后，分成每块 1.5kg，再各打 50 小块。

（4）成形　将饧好的皮面按压成中间厚的扁圆形，将油酥均匀包入。再小开酥（水油度面团搓成条，用刀切或用手揪的办法将条分成等分的若干小节。然后将每个小节用手掌压扁，包进按比例要求的油酥。碾压成薄片，卷成筒，调过来，顺序又碾成薄片，继续卷成筒，再碾压成小圆饼形，即成酥皮，这个过程也叫小开酥。破酥后擀成中间厚的扁圆形，将馅包入。封严剂口后，拍成直径 6cm 的圆饼。表面均匀地刷上一层蛋液，扎一个小孔，印一点红，找好距离，摆入烤盘。按成品每千克 10 块取量。

（5）烘焙　调好炉温，一般控制在 180～200℃，底火大于面火。将摆好生坯的烤盘送入炉内，烘烤 8～10min。待制品表面呈金黄色，底面红褐色，熟透出炉，冷却后装箱。

七、酥皮三白月饼

1. 原料配方

（1）皮料　面粉 10kg、猪油 2.1kg、温水（30～50℃）5.2kg。

（2）酥料　面粉 10kg、猪油 5kg。

（3）馅料　糖粉 14.5kg、花生仁 2.5kg、芝麻仁 1.5kg、核桃仁 1kg、瓜子仁 0.5kg、鸡蛋 2kg。

（4）薄面　面粉 1kg。

2. 操作要点

（1）和皮　将面粉过筛后，置于操作台上，围成圈。将猪油、温水（30～50℃）搅拌均匀后加入面粉。混合均匀后，用温水浸渍一两次，调成软硬适宜的筋性面团。分成每块 1.6kg，饧发片刻，每块各下 50 个小剂。

（2）调酥　将过筛后的面粉与猪油混合揉擦成软硬适宜的油酥性面团。分成每块 1.5kg，每块再分成 50 个小块。

（3）制馅　糖粉过筛后，置于操作台上，围成圈。将各种小料切碎置于中间。蛋清搅打后投入，并与小料搅拌均匀，再将糖粉加入擦匀，分成每块 2.15kg，再各打 50 个小块。

（4）成形　将饧发好的皮面按压成中间厚的扁圆形，把油酥包入中间。破酥后再擀成中间厚的扁圆形，将馅包入，封严剂口。拍成直径 6cm 的圆饼，表面朝上，找好距离，摆入烤盘。扎一气孔，准备烘焙。按成品每千克 10 块取量。

（5）烘烤　首先将炉温调节到 180℃，面火弱，底火强。将摆好生坯的烤盘送到炉内，烘烤 10～15min，烤成表面乳白色，底面红褐色，熟透即可出炉，冷却后包装、装箱。

3. 注意事项

（1）剂口必须封严，气孔不宜扎得过大。

（2）擦馅时蛋白一定擦匀，如果擦制后馅硬，可以适量增加蛋白的用量，一定不能加水。

（3）为了防止馅内的糖长时间受热熔化，烘焙时炉温不能太低，时间不宜太长。

八、酥皮牛肉月饼

1. 原料配方

（1）皮料　面粉 10kg，麻油 1.5kg，温水（50℃）2.3kg。

（2）酥料　面粉 10kg，麻油 5kg。

（3）馅料　酱牛肉 10kg，熟标准粉 6kg，核桃仁 3kg，植物油 0.3kg，白糖 12kg，麻油 4kg，芝麻仁 3kg，胡椒粉 0.03kg。

2. 操作要点

（1）原料预处理　将核桃仁浸泡去涩、切碎，并将酱牛肉切成四方小丁。

（2）制皮面　面粉置于台板上围成圈，中间加入麻油和温水搅匀，再加入面粉和成面团。盖上布饧发片刻，制成软硬适宜的水油面团。

（3）制油酥　在案板上将面粉与麻油混合拌匀，边揉边搓，搓擦成油酥备用。

（4）制酥皮　采用大包酥或小包酥的方法，制成酥皮面团（将皮料、酥料、馅料按各自的调制方法调制好后，按配方将水油皮面团于工作台上碾成片状。按比例于片上铺上一层油酥。油酥铺于片的一端，占整片面积的 50%。将另一端覆盖在油酥上，四周封严。将左右两端均匀向中间折叠成三层，再碾成长方形片状。自外向内卷成筒，搓成条，用刀切或用手掐分成所需分量的小节。再将小节碾成圆饼形，即成酥皮，也称之为大开酥）。

（5）制馅　核桃仁烤熟（或炸熟），晾后切粒，熟酱牛肉切成细丁或剁碎，然后与其他辅料拌和均匀，最后加入熟面粉拌匀即可。

（6）成形　按成品每千克 24 块取量。按酥皮∶馅＝1∶1 的比例包馅。包馅后，封口收严，封口朝下按压成扁圆形，再在表面印上红戳"牛肉"，最后将生坯摆入烤盘待烤。

（7）烘烤　一般烤炉，炉温控制在 200～230℃，烘烤 6～7min 即成。

九、酥皮腐乳月饼

1. 原料配方

（1）皮料　面粉 10kg、白糖粉 0.15kg、猪油 0.4kg、水 5kg。

（2）酥料　面粉 17kg、白糖粉 1.5kg、猪油 8kg。

（3）馅料　熟面粉 8kg、炒米粉 8kg、白糖粉 3kg、猪油 3kg、麻油 2kg、糖渍肉丁 14kg、芝麻仁 4kg、瓜条 3kg、食盐 0.4kg、花椒粉 0.1kg、豆腐乳 0.7kg、白酒 0.3kg、味精 0.05kg。

（4）薄面与装饰料　面粉 2kg、鸡蛋 1kg、食用色素适量。

2. 操作要点

（1）制糖渍肉丁　生猪肉用温水洗净切成 10cm 左右的方块，放入锅内加水煮烂，冷却后分肥，瘦肉切成 1cm 的小方块。然后按每千克熟肉加 0.8kg 白糖粉的比例拌入白糖粉。猪瘦肉要加少量食盐（每千克瘦肉加 10g 食盐）烘烤，冷却后拌入白糖粉。2～3天后使用。

（2）和皮　面粉过筛后置于操作台上围成圈，投入白糖粉，用适量的温水（30～50℃）将白糖粉冲化后，再加入猪油，充分搅拌使其乳化，然后加入面粉混合均匀，调成软硬适宜的筋性面团。分切成每块 1.6kg，各下 50 个小剂。

（3）调酥　面粉、白糖粉拌和均匀，过筛后置于操作台上围成圈，投入猪油，擦成软硬适宜的酥性面团。分成每块 1.35kg，各打 50 个小块。

（4）制馅　面粉、白糖粉拌和均匀，过筛后置于操作台上围成圈。然后用酒把糖渍肉丁、豆腐乳擦匀，与加工切碎的小料一起投入中间，再将猪油、麻油投入，搅拌均匀后和入已拌好白糖粉的熟面粉，擦软后再加入炒米粉擦拌均匀。分成每块 2.3kg，各打 50 小块。

（5）成形　取一块醒好的面皮按压成中间厚的扁圆形，把油酥均匀拌入。破酥后成中间厚的扁圆形，取一馅均匀包入，封严剂口。这时将 30 目铁筛网平铺在案板上，将封严剂口的半成品表面朝下装入直径 7cm、高 2cm 的特制铁圈里，压印在铁筛网上，翻过来取下铁圈，表面打一七星戳。找好距离，摆入烤盘，表面均匀地刷上鸡蛋液，扎一气孔，略晾后烘烤。按成品每千克 10 块取量。

（6）烘烤　炉温在 180～200℃，底火大于面火，将摆好生坯的烤盘送入炉内烘烤。烤成表面金黄色，底面红褐色，熟透出炉，冷却后装箱。

十、酥皮鸡丝月饼

1. 原料配方

（1）皮料

① 配方 1　面粉 10kg、植物油 2kg、饴糖 2kg、热水（80℃）4.8kg。

② 配方 2　富强粉 10kg、花生油 3kg、饴糖 1.2kg、热水（80℃）3.8kg。

（2）酥料

① 配方 1　面粉 13kg、植物油 6.5kg。

② 配方 2　富强粉 13kg、花生油 5kg。

（3）馅料

① 配方 1　净鸡肉 32kg、绵白糖 3kg、味精 0.2kg、芝麻仁 10kg、食盐 0.7kg。

② 配方 2　净鸡肉 35kg、绵白糖 1.5kg、味精 0.15kg、芝麻仁 10kg、食盐 0.5kg、麻油 2kg、酱油 3kg。

2. 操作要点

（1）制水油面团　先将配方中的猪油、饴糖、热水进行充分搅拌成乳化状，然后加入面粉搅拌或揉擦成不粘手的、软硬适宜的柔软面团。

（2）制油酥、包酥　面粉或富强粉过筛后投入植物油或花生油，揉擦成油酥面团。将皮面小剂揉搓后包入油酥。

（3）制馅心　先把宰杀好的鸡去头、膀、爪、内脏，再去骨，在绞肉机内绞碎成肉泥，拌入麻油、酱油等，最后拌入芝麻仁。

（4）成形　按成品每千克12只取量。每只皮32.5g、酥15g、馅43g，包馅后每只生坯90.5g左右。然后将生坯搓圆压扁，找好距离，摆入烤盘，印上红印，准备烘烤。

（5）烘烤　调节炉温为200～230℃，将上好生坯装入烤盘后入炉，烘烤5～6min，烘焙成成品即可。

3. 注意事项

（1）将鸡肉煮熟，撕成细丝。

（2）炉温过高易焦，过低易跑糖露馅。用目测确定月饼的成熟度，当饼面呈松酥，起鼓状外凸，饼边壁呈白色或乳黄色既为成熟；若饼边呈黄绿色，不起酥皮，则表示未成熟。

十一、酥皮虾肉月饼

1. 配方

（1）皮料　面粉10kg、猪油3.6kg、绵白糖0.6kg、热水（80℃）4kg。

（2）酥料　富强粉10kg、猪油5kg。

（3）馅料　猪腿肉10kg、白砂糖500g、精盐375g、黄酒125g、姜50g、鲜河虾仁435g、酱油500g、味精500g、葱125g、芝麻油125g。

2. 操作要点

（1）制皮面　面粉置于台板围成圈，中间加入猪油、绵白糖后，随即加入80℃热水搅拌均匀，徐徐加入面粉，再用劲揉擦成柔软而又光滑的水油面团。在大规模生产时采用机械搅拌。

（2）制酥　面粉与猪油在台板上混合，反复推擦成均匀光滑的油酥面团。

（3）制酥皮　将水油面团和油酥面团分别均匀地各分成4块，每块搓成长条均匀地分摘成25个坯子。采用小包酥方法，逐一将油酥包进皮面内，收口后破酥，最后用手压扁，成直径为 6.7cm、中间稍厚、边缘略薄的圆形酥皮面。

（4）制馅 葱切成细末，姜用刀背拍碎，放在碗中注入少量清水拌和，再用纱布挤出姜汁。猪腿肉洗净切碎，用绞肉机绞成肉末，放入拌馅容器内，加入酱油、白砂糖、姜汁以及黄酒 75g、味精 250g、精盐 250g、葱末，顺一个方向拌至肉糜有黏性，虾仁洗净沥干水，放入拌馅容器内，加入黄酒 50g，精盐 125g，味精 250g 和芝麻油拌匀。将拌好的虾仁覆盖在肉馅上，即成虾仁肉馅。

（5）成形 每块酥皮包入虾仁肉馅175g，包拢捏紧后，剂口向上放在台板上，用手掌按压成直径 5cm、厚1.3cm左右的生坯，翻身待烘。

（6）烘烤 备平锅一只，烘热后将饼坯朝下逐一放入平锅内排齐，饼中心盖一红印。烘烤 3min 左右见饼底呈淡黄色时，用手指捏住饼的四周轻轻翻身，平锅加盖后再烘烤 6~7min，至饼成金黄色再翻身烘烤 4~5min 即成。

十二、银河酥月饼

1. 原料配方

（1）皮料 精面粉 10kg、猪油 2.1kg、清水 5kg。

（2）酥料 精面粉 10kg、猪油 3.6kg。

（3）馅料 熟糕粉 10kg、白糖 25kg、叉烧肉 10kg、卤猪肉 8kg、虾米 5kg、瓜子仁 5kg、植物油 1kg、食盐 0.1kg、芝麻仁 2kg、油泡橄榄仁 8kg、香菇 1kg、酱油 1kg、白酒 0.5kg、柠檬叶适量。

2. 操作要点

（1）制面皮 将猪油、清水搅拌均匀，再投入过筛后的面粉，搓成润滑有筋、不粘手即可。

（2）制油酥 面粉和猪油混合搓擦均匀即成油酥。

（3）制馅 将香菇、虾米洗净炒热，香菇切成小块，叉烧肉、卤猪肉切粒，柠檬叶洗净切丝，混合后加入熟糕粉及其他配料和清水，搅拌均匀既可。

（4）制酥皮 将皮面与油酥包合，可采用大包酥或小包酥方法制成酥皮。将水油面团搓成条，用刀切或用手揪的办法将条分成等分的若干小节。然后将每个小节用手掌压扁，包进按比例要求的油酥。碾压成薄片，卷成筒，调过来，顺序又碾成薄片，继续卷成筒，再碾压成小圆饼形，即成酥皮。

（5）成形　按酥皮和馅的比例为 3∶7（或 4∶6）的比例包馅，收口后搓圆，按扁。然后生坯上盘，盖上红印，等待烘烤。

（6）烘焙　调节好炉温，设置为 140～160℃。将放有生坯的盘入炉，用慢火烤至饼面白色飞酥即为成熟。

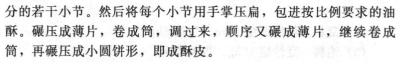

第五章
烘烤类中式糕点

十三、椒盐酥月饼

1. 原料配方

（1）皮料　精面粉 10kg、猪油 3.25kg、饴糖 1.25kg、热水 3.75kg。

（2）酥料　精面粉 10kg、猪油 5kg。

（3）馅料　熟面粉 3kg、糖粉 22kg、猪油 8.5kg、糖渍肥肉丁 10kg、黑芝麻仁 8kg、核桃仁 3kg、松子仁 2kg、瓜子仁 2kg、橘饼 1kg、黄丁 1kg、桂花 2kg。

2. 操作要点

（1）制水油面团　先将猪油、饴糖和热水充分搅拌均匀，然后逐步加入面粉搅拌成软硬适度的面团，饧发片刻，制造成表面光滑的面团待用。

（2）制油酥　将猪油和面粉搅拌，擦到表面光滑的面团待用。

（3）制酥皮　采用大包酥或小包酥的方法制成酥皮。

（4）制馅　将各种小料混合搅拌均匀。

（5）成形　按成品每千克 10～12 个月饼取量，皮与馅的比例为 5∶6，将馅逐块包入酥皮内，馅心包好后在酥皮的封口处贴上方形小纸，压成 1cm 厚的扁形生饼坯。最后在生饼坯上盖上各种名称的红印章，生饼坯码入烤盘。

（6）烘烤　根据饼坯大小，选择合适的烘烤温度，一般设置在 200～230℃温度下烘烤 8～16min。

十四、蛋黄酥月饼

1. 原料配方

（1）皮料　中筋面粉 10kg、猪油 4kg、温水 4.2kg、糖粉 60g、

97

盐 10g。

（2）酥料　低筋面粉 10kg、猪油 5kg。

（3）馅料　豆沙馅 40kg、蛋黄若干。

（4）面料　鲜鸡蛋 3.5kg。

2. 操作要点

（1）和皮　将中筋面粉过筛后，置于操作台上，围成圈。将猪油、温水（30～50℃）搅拌均匀后加入面粉。混合均匀，用温水浸渍一两次，调成软硬适宜的筋性面团。再分成每块 1.5kg，饧发片刻，每块各下 50 个小剂。

（2）调酥　将过筛后的低筋面粉与猪油混合揉擦成软硬适宜的油酥性面团。制成油酥性面团后，分成每块 1.5kg，各下 50 个小剂。

（3）包酥　将饧发好的皮面按压成中间厚的扁圆形，把油酥包入中间。皮酥比 1∶1。具体要根据模具大小确定。包酥擀 2 次后包馅包入豆沙馅和蛋黄。

（4）成形　收口朝下摊平，光面刷蛋液 2 次，上面用黑芝麻装饰后摆盘。

（5）烘烤　调好炉温，将摆好生坯的烤盘送入炉内烘烤。上火 220℃，下火 200℃，大约 15～20min。熟透出炉，冷却后装箱。

十五、老婆饼

1. 原料配方

（1）皮料　低筋面粉 1000g、高筋面粉 220g、泡打粉 15g、鸡蛋 110g、猪油 22g。

（2）酥料　低筋面粉 1000g、奶油 770g、猪油 1200g。

（3）馅料　老冬瓜 1000g、猪油 200g、糖 350g、熟葵花子 50g、熟面芝麻 50g、湿淀粉 15g。

2. 操作要点

（1）制馅料　将老冬瓜削皮去子，放入蒸笼内蒸熟，取出用搅拌机打成蓉，再用纱布包住挤去水分，放入有少许猪油的热锅中，加糖不停地翻炒，然后视干稀程度适当勾芡，使其比较浓稠，最后加入熟葵花子、熟芝麻等和匀，起锅晾凉即成冬茸馅。

（2）制皮料　将低筋面粉和高筋面粉等原料加入适量的清水搅

拌均匀，揉制而成。

（3）制酥料　将低筋面粉加入猪油和奶油搅拌均匀，揉制而成。

（4）包馅　将饼皮以小包酥方法制作，取一小块水油皮，包住一小块酥心，按扁后擀成牛舌形，再由外向内卷成圆筒，按扁，叠成三层，最后擀成网形片，就可以包馅成形了。包好的饼坯也要按成扁圆形，并用刀在上面划上两道小口（主要是为了避免烘烤时因馅心膨胀而破皮）。接着刷上鸡蛋液，撒上零星芝麻。

（5）烘烤　制作好的饼坯摆放到烤盘内，然后放入烤箱以180℃温度烘烤，大约烘烤 10min 即可。

十六、老公饼

1. 原料配方

（1）皮料　低筋面粉 1000g、猪油 300g、糖 200g。

（2）酥料　低筋面粉 1000g、猪油 500g。

（3）馅料　细糖 500g、糯米粉 240g、花生油 100g、花生仁 100g、熟芝麻 100g、盐 20g、蒜 20g、腐乳 8 块、味精 8g、胡椒粉 8g、五香粉 8g、白酒 40g。

2. 操作要点

（1）和面　将低筋面粉 1000g、猪油 300g 和糖 200g 倒入和面机内，搅拌均匀形成面团后松弛待用。

（2）调酥　将低筋面粉和猪油混合均匀，擦成细滑的酥性面团。

（3）制馅　将糯米粉与细糖拌匀，加入压成泥的腐乳揉匀，最后加入水、花生油、熟芝麻、碎花生仁、盐、味精、五香粉、白酒、拍碎的蒜头等揉匀，擦透。

（4）包酥　将水油面团搓成条，摘成剂子，然后逐个包进适量油酥心，擀平。

（5）上馅　将擀平的油酥皮包进馅心，均匀收口后，擀平呈椭圆形。

（6）烘烤　将生坯放入烤盘，送金烤箱，以上温 200℃、下温 180℃，烘烤 15～20min，出炉后撒上胡椒粉调味。

十七、六瓣酥

1. 原料配方

（1）皮料　面粉 1kg、白砂糖粉 65g、植物油 130g、温水（30～50℃）580g。

（2）酥料　面粉 1kg、植物油 0.4kg。

（3）馅料　熟面粉 1kg、植物油 1kg、饴糖 1kg、白砂糖粉 2g、点心屑 5kg、大葱 1.25kg、精盐 100g、花椒面 60g。

（4）饰面料　扑面粉 20g、刷面鸡蛋 15g。

2. 操作要点

（1）制皮面　面粉过筛后置于操作台上，围成圈，投入白砂糖粉，加入温水使其溶化。再投入植物油，搅拌呈乳化状，和入面粉。混合均匀后，用温水浸扎一两次，揉和调成软硬适宜的筋性面团。

（2）调酥　面粉过筛后置于操作台上，围成圈，加入植物油擦成软硬适宜的油酥性面团。

（3）制馅　将点心屑挑选，清除杂质，粉碎后与拌好白砂糖粉的熟面粉炒拌均匀。过筛后置于操作台上，围成圈，投入植物油、饴糖、大葱碎块（青葱屑也可）、精盐和花椒面，搅拌均匀再和入点心屑擦匀，软硬适宜。

（4）成形　取一块饧好的皮面，擀成中间厚的圆饼，上面放一块油酥，用水皮将油酥包严，用走槌擀成厚 0.3cm 的长方形薄片。可根据情况卷成长条，下剂拍成圆饼，将馅包入，成馒圆形。然后在表面用刀切交叉形 3 刀，呈均匀的六瓣状，表面刷上鸡蛋液，找好距离，摆入烤盘，准备烘烤。按成品每千克 20 块取量。

（5）烘烤　调好炉温，底火略大，将摆好生坯的烤盘送入炉内，用稳火烘烤（炉温 160～180℃），烘烤 10～12min。烤成表面金黄色，底面红褐色，熟透出炉。

（6）包装　冷却后包装即为成品。

十八、杏仁角

1. 原料配方

（1）酥皮料　面粉 10kg、白糖粉 4kg、熟猪油 4kg、饴糖

1.5kg、鸡蛋 1kg、小苏打 75g、杏仁香精 20mL。

（2）水皮料　面粉 2.3kg、饴糖 250g、猪油 500g、清水 0.8～1kg。

（3）饰面料　杏仁屑 500g。

2. 操作要点

（1）制酥皮面团　面粉过筛后置于台板上围成圈，中间加入白糖粉、熟猪油、饴糖、鸡蛋液、小苏打和香精，搅拌均匀后慢慢和入面粉，推搓成酥皮面团。

（2）制水皮面团　面粉与水、饴糖、猪油混合后，揉制成软硬适宜的光滑水皮面团。

（3）成形　先将酥皮面团擀压成薄面片，厚约 0.7cm；另将水皮面团也擀压成薄面皮，其面积与酥面片相同，厚度要更薄些。两块面皮压好后，将水皮覆盖在酥皮上，再均匀地撒上碎杏仁屑，稍按实后用金属制的弯月形扦筒扦制成坯，即为杏仁角生坯。

（4）烘烤　生坯摆入烤盘，入炉烘烤，炉温控制在 140～170℃，烘烤 8～12min 即成。

（5）冷却、包装　冷却后包装即为成品。

十九、蛤蟆酥

1. 原料配方

（1）皮料　面粉 1000g、花生油 76g、白砂糖 150g、酵面 76g、糖桂花 38g、食碱 38g。

（2）酥料　面粉 1000g、花生油 250g、香油 160g、绵白糖 500g、糖黄丁 83g、芝麻 330g。

2. 操作要点

（1）制发酵面团　将白砂糖、油放入和面机内，加 70℃ 左右的热水 100g 与糖、油搅拌均匀，再把酵面分成小块和面粉一起放入略搅拌后，再逐次加入 50～60℃ 热水 130g，充分搅匀拌透。经发酵的面团体积膨胀为原体积 2 倍，面团剖面有气孔并有酸味时即可。

（2）加碱　先把食碱用水溶解，然后加入糖桂花，逐次加入发酵面团中并在和面机内充分搅拌。碱液投放量须视面团发酵程度和气温而定。一般搅碱后面团剖面应有均匀圆孔，拍之响声清脆。

（3）制甜酥面团　把花生油、香油、绵白糖、糖黄丁投入和面机内搅匀，再将面粉留下 100g 作防粘用，其余一起放进和面机搅拌，制成甜酥面团。

（4）包制成形　把搅碱后的发酵面团分成五大块，然后每大块用手摘成均匀小块。用发酵面团做皮包甜酥面团，中心对折，使酥皮达 24 层次，用水刷其表面，均匀撒满芝麻，整齐地放进烤盘内待烤。

（5）烘烤　将烤盘送入 200℃ 左右的烤炉内，烘烤大约 6min 左右出炉。把烘烤后的方酥叠齐后再放入 60～70℃ 的温房内温烤 8h 左右，充分吸去方酥内的水分。

二十、高桥松饼

1. 原料配方

（1）皮料　特制面粉 1000g、熟猪油 250g、温开水 190g。

（2）酥料　特制面粉 1000g、熟猪油 400g。

（3）馅料　红豆 1000g、白砂糖 1000g、桂花 50g。

2. 操作要点

（1）和面　先把猪油和温开水倒进和面机搅拌均匀，加入面粉再搅拌，同时适量加些精盐，以增加面筋强度。

（2）擦酥　把面粉与熟猪油一起倒进和面机内拌匀擦透即成。油酥的软硬和皮面要一致。

（3）制馅　将红豆水洗，去除杂质后，入锅煮烂，先旺火，后文火。然后将煮烂的红豆放入筛子擦成细沙，然后放进布袋，挤干水分成干沙块。再把干沙与白砂糖一起放入锅内用文火炒，待白糖全部溶解及豆沙内水分大部分蒸发，且豆沙自然变黑即已炒好。待豆沙有一定稠度，有可塑性时，再加入桂花擦透，备用。

（4）包酥　取细沙包入皮酥内即成。封口不要太紧，留出一点小孔隙，以便烤制时吸入空气，使酥皮起酥。用手将馅包于生坯内压成 2～3cm 厚的圆形饼坯。将饼坯放在干净的铁盘内，行间保持一定距离，然后印上"细沙""玫瑰"等红色字样，以区别品种。

（5）烤制　将制好的饼坯放到烤炉内，炉温控制在 160～200℃，饼坯进炉烤制 2～3min 取出，把饼坯翻过来，然后再进炉烤制 10min 左右取出，再一次把饼坯翻身后送进炉烤制 3～5min

即可出炉。

第四节 烘烤糖浆皮类

一、五仁月饼

1. 原料配方

（1）皮料 精面粉（低筋粉）1000g、花生油260g、广式糖浆80g、48℃枧水1.2g。

（2）饼馅 熟面粉700g、松子仁200g、糕点粉300g、西瓜子仁300g、冬瓜糖600g、冰肉500g、金橘饼150g、白砂糖400g、果脯150g、杏仁300g、核桃仁400g、白芝麻220g。

2. 操作要点

（1）制皮 糖浆、枧水拌匀，加入花生油充分拌匀。加入1/3过筛的面粉拌成均匀面糊，然后加入剩下的面粉拌成饼皮。拌好的饼皮pH值控制在7.4左右。

（2）包馅 松弛2h以上，包馅，皮馅比例2∶8。

（3）烘烤 敲模成形，入炉烘烤。

炉温上火220℃，下火170℃，烘烤8min左右出炉，冷却后刷上蛋液，再烤5～6min出炉，再刷一次蛋液（刷蛋蛋液配比：三个蛋黄加一个全蛋），最后再烤5min左右出炉。

二、广式莲蓉月饼

1. 原料配方

（1）皮料 精面粉10kg、广式糖浆5.6kg、植物油3kg、碳酸氢铵260mL、鸡蛋0.4kg。

（2）馅料 莲蓉13kg。

（3）装饰面料 鲜鸡蛋0.1kg。

2. 操作要点

（1）和面 首先将广式糖浆、植物油和鸡蛋放到和面机内混合均匀，之后倒入面粉和碳酸氢铵入和面机内，混合均匀后待用。

（2）包馅 饼皮压成扁圆薄片，放入莲蓉馅包成圆形，用木饼模印饼，要求饼坯边角分明，花纹清晰。

（3）摆盘　饼坯置于饼盘，用清水刷面，使饼皮湿润受热均匀。

（4）烘烤　烘烤至微黄色。取出刷蛋液上色。二次入炉烘烤至金黄色，出炉冷却至室温包装。

三、广式烤鸭月饼

1. 原料配方

（1）皮料　富强粉 10kg、糖浆 8kg、植物油（花生油）2.4kg、碱水 0.16kg。

（2）馅料　白糖 4kg、核桃仁 1.5kg、烤鸭肉 2.4kg、糖橘饼 0.4kg、糕粉（熟糯米粉）3.2kg、食盐 0.4kg、猪油 2kg、酱油 0.02kg、熟糖渍白膘肉 2.6kg、芝麻油 0.028kg、瓜子仁 1kg、杏仁 0.4kg、苹果脯 2kg、糖莲子 0.7kg、花生油 1.5kg、糖藕片 0.7kg、芝麻仁 0.7kg、胡椒粉适量。

（3）面料　鲜鸡蛋 1.5kg。

2. 操作要点

（1）制皮　面粉置于台板上围成圈，中间加入花生油和制好的糖浆，搅拌均匀后和入面粉，推揉到稍有筋性，得到软硬适量的面团。将皮面搓成长条，分摘成每只 55g 备用。

（2）制馅　果料烤熟剁碎，鸭肉剁烂，熟白膘肉切丁，然后与其他辅料混合拌匀，最后加入熟糯米粉拌匀即成烤鸭肉馅，分切成每只 80g 备用。

（3）成形　将一块皮面包入一块馅心，封口收严，略搓圆，压入印模（刻有广东烤鸭字样），按平，再磕出。找好距离，摆入烤盘，刷上鸡蛋液待烤。

（4）烘烤　调好炉温（约 200℃），将摆有生坯的烤盘入炉，烘烤 13min 左右，至表面呈深棕色出炉，冷却即成。

四、果仁肉丁月饼

1. 原料配方

（1）皮料　精面粉 10kg、糖浆 4.8kg、植物油 1.5kg、猪油 1.5kg、碳酸氢钠 45g。

（2）馅料　糖渍肉丁 2kg、熟面粉 2.8kg、白糖粉 1.8kg、猪油 0.6kg、植物油 0.6kg、香油 0.4kg、花生米 0.2kg、芝麻仁 0.3kg、核桃仁 0.2kg、瓜子仁 100g、曲酒 30g。

（3）薄面与装饰料　面粉 200g、鸡蛋 150g、芝麻仁 50g。

2. 操作要点

（1）制糖浆　按 2∶1 的比例，将砂糖、水投入锅内，加热熬开后，加入明矾量为白砂糖量的 0.1%。熬至 106℃过滤，冷却后备用。

（2）制糖渍肉丁　生猪肉用温水洗净切成 10cm 左右的方块，放入锅内加水煮烂，冷却后分肥、瘦肉切成 1cm 的小方块。然后按每千克熟肉加 0.8kg 白糖粉的比例拌入白糖粉。猪瘦肉要加少量食盐（每千克瘦肉加 0.8g 食盐）烘烤，冷却后拌入白糖粉。两三天后使用。

（3）调面团　面粉过筛后置于操作台上围成圈，投入猪油、植物油、糖浆和溶化的碳酸氢钠，充分搅拌使其乳化。当形成悬浮状液体时，徐徐加入面粉调成软硬适宜的面团。分成每块 3kg，各下 50 个剂子。

（4）制馅　白糖粉、熟面粉拌和均匀，过筛后置于操作台上围成圈。用酒将糖渍肉丁擦拌后，与加工切碎的小料一起投入中间拌匀，再投入猪油、植物油和香油，搅拌均匀后与拌好白糖粉的熟面粉擦匀，软硬适宜。分成每块 2kg，各打 50 个小块。

（5）成形　取一小块皮面按压成中间厚的扁圆形，将馅均匀包入。剂口朝上，装入特制的铁圈内（内径为 7cm，高 2cm），按实后翻过来，取下铁圈。摆在操作台上，表面均匀地刷上鸡蛋液，稀散地撒上芝麻，中间打一红点，扎一气孔，找好距离，摆入烤盘，略晾后待烘。按成品每千克 10 块取量。

（6）烘烤　调好炉温（180～200℃），将已摆好生坯的烤盘送入炉内。初上炉，炉温略高，待制品定型后适当降低炉温。上下火一致，烤成表面红黄色，熟透出炉，冷却后装箱。

五、银星玫瑰月饼

1. 原料配方

（1）皮料　面粉 10kg、糖浆 5kg、猪油 1.8kg、植物油 0.7kg、碳酸氢铵 0.04kg。

（2）馅料　熟面粉 10kg、糖粉 10kg、植物油 4.2kg、香油 1.5kg、花生仁 2kg、芝麻仁 0.8kg、核桃仁 1kg、糖玫瑰 2.3kg、水 1kg。

（3）薄面与装饰料　白砂糖 0.6kg、蛋液 0.3kg、面粉 0.2kg。

2. 操作要点

（1）调面团　将面粉过筛后置于工作台上，围成圈。把植物油、猪油、糖浆和碳酸氢铵溶液投入，充分搅拌使其乳化。形成悬浮状液体时，把面粉加入，调制成软硬适宜的面团。

（2）制馅　将熟面粉、糖粉搅拌均匀过筛，置于中间，同时将油和适量的水加入，搅拌均匀。放在操作台上，围成圈。把小料加入拌好的糖粉和熟面粉中擦匀，软硬适宜。

（3）成形　取一小块皮面，摁成中间厚的扁圆形，将馅包入。剂口朝上，装入特制的铁圈内。摁实后，翻过来取下铁圈。表面均匀地刷上蛋浆，再撒上大粒的白砂糖。饼中间打一红点，扎一气孔，摆入烤盘，略晾后烘焙。

（4）烘焙　调好炉温，将摆好生坯的烤盘送入炉内。初上炉时，炉温稍高。待制品定型后适当降低炉温。面、底火一致，烤成底面红棕色，表面金黄色，有蛋液的光亮。

3. 注意事项

（1）调制面团时糖浆、油必须充分搅拌。

（2）蛋浆刷得要均匀。蛋浆略干后，将白砂糖均匀撒上。

六、红麻月饼

1. 原料配方

（1）皮料　精面粉 10kg、糖浆 7kg、植物油 1.3kg、猪油 1kg、碳酸氢钠 0.1kg。

（2）馅料　熟面粉 10kg、白砂糖 7kg、植物油 5kg、糖橘皮 2kg、桂花 1kg、瓜子仁 0.6kg、红丝 0.5kg、玫瑰 0.3kg。

（3）面料　芝麻仁 3kg，面粉 0.5kg。

2. 操作要点

（1）把植物油、猪油、糖浆和碳酸氢钠溶液投入，充分搅拌使其乳化。搅匀后倒入 1/3 的精面粉搅拌，剩余的精面粉分次加入，调制成软硬适宜的面团。

（2）过筛后的熟面粉加入白砂糖拌匀；糖橘皮切碎，然后将玫瑰、桂花、红丝等料一并放入，搅匀成馅。

（3）面团分块上案，搓成条，摘成剂子，包入馅料，面朝下压入模具，再平稳磕出，放入烤盘，入炉烘烤，在炉温 240～260℃ 的情况下，烤制约 10min 即可出炉。

七、双麻月饼

1. 原料配方

（1）皮料　面粉 10kg、糖浆 5kg、植物油 2.7kg、碳酸氢铵 0.03kg。

（2）馅料　熟面粉 5kg、糖粉 5kg、猪油 2.5kg、香油 0.4kg、花生仁 0.8kg、核桃仁 0.4kg、青梅 0.4kg、红丝 0.4kg、桂花 0.4kg、水适量。

（3）薄面与装饰料　芝麻仁 2.4kg。

2. 操作要点

（1）面团调制　糖浆晾凉后倒入植物油等，搅匀后倒入 1/3 的面粉搅拌，剩余的面粉分次加入，揉匀成软硬适宜的面团。

（2）馅料制作　熟面粉过筛，再加入糖粉搅拌均匀；青梅切碎，核桃仁压碎放入，然后将桂花、红丝等料一并放入，搅匀成馅。

（3）成形　取一小块饼皮，做成中间厚的扁圆形饼皮，将馅料包入。剂口朝上，装入特制的铁圈内。按实后，翻过来取下铁圈，摆在操作台上，将干净的湿布铺在表面，用毛刷蘸水，反复刷，待制品表面刷出白浆，取下湿布，将制品粘上精选后的芝麻仁，翻过来再次摆在操作台上，粘在月饼面上的芝麻仁要认真选择，粘好后应在平滑的案板上蹭平。用同样的方法将底面粘好芝麻仁，表面打一红点，朝下摆入烤盘，扎一气孔，准备烘烤。

（4）烘烤　调好炉温，底火温度大于面火。待至黄色，翻过来重新入炉烘烤。第一次烘烤后，一定稍微冷却后再进行第二次烘烤，防止月饼四周开裂，跑馅。熟透出炉。冷却，成品。

八、东北提浆月饼

1. 原料配方

（1）皮料　面粉 1000g、白砂糖 350g、植物油 240g、糖稀

50g、碱面 4g。

（2）馅料　白砂糖 1000g、熟面粉 660g、油 700g、核桃仁 250g、青红丝 160g、桂花 120g、瓜子仁 40g。

（3）薄面　面粉适量。

2. 操作要点

（1）调制面团　将白砂糖、糖稀、植物油放于和面机中搅拌均匀，加入面粉后调制到有一定的可塑性，并且非常细腻时即可。注意留出一定量的面粉调节软硬度。面团的软硬应与馅料一致，当面团硬时，只能用糖浆调节，不能用水。

（2）分摘、包馅　将皮料搓成条状，分成大小合适并且均匀的小块，备用。将馅料也搓成条状，分成大小合适并且均匀的小块，备用，然后包馅。

（3）成形　将包上馅的月饼坯放入模具，压平，脱模。放入烤盘中，刷蛋黄液。

（4）烘烤　将放置好月饼的烤盘放在温度预热到 200～220℃ 的烤炉或烤箱中，烘烤 10～15min。等到表面焦红且烤熟时出炉。烘烤温度和时间根据月饼的大小和厚度来定。月饼越大，烤炉的温度应越低一些，以免外焦内生。月饼越小，烤炉的温度应越高，烘烤时间越短，可以提高生产效率，保证产品质量。

（5）冷却、包装　月饼出炉后要及时冷却。

九、低糖五仁月饼

1. 原料配方

（1）皮料　面粉 10kg、糖浆 7.5kg、花生油 2.5kg、枧水（碱水）0.02kg。

（2）馅料　糖膘肉 10kg、核桃仁 12kg、潮州粉 8kg、瓜条 8kg、生油 6kg、瓜子仁 4kg、芝麻仁 3kg、青梅 3kg、橄榄仁 3kg、糖浆 2kg、杏仁 2.5kg、松子仁 2.5kg、橘饼 2.5kg、糖玫瑰 2kg、白砂糖 1.9kg、绵白糖 1kg、白酒 1kg。

（3）薄面　面粉适量。

2. 操作要点

（1）和面　先将转化糖浆、枧水放在一起搅拌，均匀后加入花生油继续搅拌，直到全部溶为一体，最后放入面粉，搅拌均匀即可

（醒 30min 后使用）。

（2）调馅　核桃仁、杏仁、瓜子仁、芝麻仁烤熟，橄榄仁、瓜条、青梅、橘饼切碎。将全部果料及糖膘肉拌均匀，在案板上开窝，再将湿性原料放入中间搅拌均匀加上潮州粉，看馅的软硬加入适量清水，最后将全部果料放入搅拌均匀。

（3）包制　月饼皮盒馅料的比例为 2：8。

（4）烘烤　烘烤前月饼生坯表面喷清水，烘烤温度上火为 210℃，下火为 175℃，烤到月饼表面微呈黄色，出炉，刷蛋黄，再入炉烤直到熟透再出炉。

十、台式糖浆皮月饼

1. 原料配方

（1）皮料　低筋面粉 1kg、糖浆 0.8kg、花生油 0.36kg、麻油 0.16kg、泡打粉 6g、小苏打粉 4g。

（2）馅料　绿豆蓉或水果馅等品种 4kg。

（3）薄面　面粉适量。

2. 操作要点

（1）饼皮制作　将糖浆、油倒入和面机内搅拌，进行充分混合乳化；乳化好后投入泡打粉、小苏打粉进行搅拌；最后投入低筋面粉，中速搅拌 30min，达到缸体发热，面糊粘手，发亮，有延伸性既可。出缸后发酵 6～8h 后待用。

（2）包饼、成形　月饼皮、馅比重 2：8。饼皮按成扁圆片，包入馅，放入模具内，用手按平压实，使月饼花纹清晰，再磕出模具，码入烤盘，表面刷水或喷水。

（3）烘烤、成品　月饼炉温，上火 220℃，下火 190℃，第一次烘烤到至表面微带黄色后出炉刷蛋液；之后再入炉烘烤，烤到表面金黄色即可以出炉，为成品。

十一、神池月饼

1. 原料配方

（1）皮料　低筋面粉 10kg、白砂糖 3.3kg、鸡蛋 1.1kg、奶粉 1.1kg、黄油 0.55kg、干酵母粉 0.07kg。

（2）馅料　绿豆蓉或水果馅等品种 40kg、咸蛋黄若干个。

（3）薄面　面粉适量。

2. 操作要点

（1）和面　把低筋面粉、奶粉和干酵母粉混匀，最好过筛。把鸡蛋打入打蛋机容器里，加入白糖，先用打蛋器打 10min 左右，再边打边加入溶化的黄油和筛好的低筋面粉等，和成面团。

（2）包馅　把和好的面揪成大小相同的小面团，并擀成一个个面饼待用。把豆沙捏成小圆饼，包入鸭蛋黄，裹紧成馅团。

（3）压模　将馅团包入擀好的面饼内，揉成面球，准备一个木制的月饼模具，放入少许干面粉，将包好馅的面团放入模具中，压紧、压平，然后再将其从模具中扣出。

（4）烘烤　首先调蛋液，比例为 3 个蛋黄加 1 个全蛋，待用。烤箱的温度为 180℃，约烤 20min，中间要取出 1 次，再刷一遍蛋液。

3. 注意事项

（1）馅内的鸭蛋最好用生蛋黄，这样烤月饼时，蛋黄出的油会融进月饼饼皮内。

（2）把月饼从模具中扣出时，用力要均匀，不可反复用力，一般侧扣一下，反面正扣一下即可出来，模具中的干粉也不宜多放。

（3）烘烤时间应根据月饼的大小，也可在烤的过程中打开烤箱看一看，以免烤焦。

第六章　蒸制品类中式糕点 ◀◀◀◀

蒸是把制品生坯放在笼屉（或蒸箱）内，用蒸汽传热的方法使制品成熟。蒸制的主要设备是蒸灶和笼屉。蒸的方法主要适用于膨松面、发酵面、热水面、糕面等制品的食品加工。

第一节　蒸发糕类

一、重阳糕

重阳糕亦称"花糕""菊糕""发糕"，是汉族重阳节食品。流行于全国大部分地区。

（一）方法一

1. 原料配方

糯米粉1000g、白糖1000g、粳米粉500g、豆沙250g、红绿果脯100g、红糖50g、豆油25g。

2. 操作要点

（1）将糯米粉、粳米粉掺和，拌上白糖（用量可以根据自己的需要作调整，也可改用椒盐），加水500g，拌和、拌透成糕粉备用。

（2）取糕屉（或蒸笼等代替），铺上清洁湿布，放入1/2糕粉刮平，将豆沙均匀地撒在上面，再把剩下的1/2的糕粉铺在豆沙上面刮平，随即用旺火沸水蒸。

（3）待蒸汽透出面粉时，把果脯等材料均匀地铺在上面，再继续蒸至糕熟，即可。

（4）将糕取出，稍凉后用刀切成菱形。

（5）成品　色泽艳丽，松软香甜。

（二）方法二

1. 原料配方

特二粉1000g、白糖500g、豆沙300g、甜米酒汁200g、熟猪油200g、红丝50g、绿丝50g。

2. 操作要点

（1）原料预处理　首先将豆沙用热水搅稀，然后300g白糖用热水化开，再将红、绿丝切成粒。

（2）和面　面粉倒入盆内，加温水，兑入甜酒汁，拌匀，使其发酵，至出现蜂窝状时，再添加剩下的200g白糖，用筷子搅匀。

（3）蒸制　在蒸笼底部抹油，用1/3面糊摊开笼底刷上一层糖水、洗豆沙泥；再将1/3的面糊摊上，再刷一层糖水、洗豆沙泥；再将剩余的面摊上加盖。上火蒸熟后，面上刷上糖水，撒上红、绿丝，稍晾凉切成菱形块即成。

二、百果松糕

1. 原料配方

（1）主料　粳米1000g、糯米粉1000g、白砂糖800g、蜜枣120g、糖莲子80g、核桃仁80g。

（2）调料　猪油（板油）360g、白砂糖200g、玫瑰花12g、糖桂花12g。

2. 操作要点

（1）原料预处理　将板油撕去皮膜，切成0.4cm见方的丁，加入白砂糖200g拌和，腌渍7～10天；糖莲子掰开，蜜枣去核切片，核桃仁切成小块。

（2）面团调制　将粳米、糯米粉与白砂糖800g、清水120g拌匀，用筛子筛去粗粒，放置1天（至少也需5～6h）。

（3）成形　将面团放入圆蒸笼内（下衬糕布）刮平，不能撒

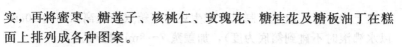

实，再将蜜枣、糖莲子、核桃仁、玫瑰花、糖桂花及糖板油丁在糕面上排列成各种图案。

（4）蒸制　入锅蒸制，待接近成熟时，揭开笼盖洒些温水，再蒸至糕面发白，光亮呈透明状时，取出冷却即可。

三、百果方糕

1. 原料配方

精白粳米 1000g，精白糯米 430g，芝麻酱 200g，猪板油 57g，核桃肉 57g，瓜子 42g，葵花子 42g，糖橘饼 35g，青梅 70g。

2. 操作要点

（1）制粉　将两种米除杂后混合，放在淘米箩里淘净后，用布盖好，任其吸收表层水膨胀，热天经 1h 后喷水 1 次，并将淘箩颠簸一下，使下面的米翻到上面，仍用布盖好，再过 2h 米粒表层水吸干，即可粉碎成干细粉，含水量约为 25%。米粉用 40 目网筛筛过后，摊散在竹匾内，以免发酸。制糕时，每千克糕粉加清水 250g，拌揉均匀后备用。

（2）制馅心　将猪板油撕去油皮，切成油丁，放在碗内，加入白糖 65g，用手拌匀，腌制 24h 再使用。核桃肉、瓜子、葵花子、糖橘饼、青梅等均切成绿豆大小的粒，拌和后，加入芝麻酱和白糖 1.5kg 拌匀即成百果馅心。

（3）制糕　用 36cm 见方的特制蒸垫，铺上湿白布一块，四边放上内径 32cm 见方的木框，即成方形的蒸箱。另外，用不锈钢瓢舀糕粉 600g，放于蒸垫上摊平，然后用特制格形刮刀（有轮齿一面向下）沿木框内自外向身边平刮，每遇木柜刻缝处将刮刀向上提一下。刮好后糕粉即成 16 块大小相等的凹形。在每块凹形内放入百果馅 1 块，再用瓢舀糕粉 325g 盖在馅心上，用长 51.7cm、宽 3cm，一面有缺口的专用长条刀齐木框刮平后，再按木柜边上的刻纹横直各切三刀，即成 16 块方糕的生坯。取木制 7.3cm 见方的模型板 1 块（内刻有各种花纹图案），将糕粉铺满于模型板上，用刀刮去余粉。然后将模型板覆合在方糕上，用刀轻敲板底，使嵌在花纹内的糕粉完整地脱落在方糕面上。用同样的方法依次做完，使每块方糕上都有花纹图案。

（4）蒸糕　取直径 53cm 铁锅 1 只，放入清水 2.5～3kg，置于旺火上烧开后，放上已制成方糕生坯的蒸箱（箱底离水面约 20cm，以水沸滚时不碰到箱底为度），加盖蒸 7～8min 即可。

（5）取糕　先拆去蒸箱四边木框，用湿布一块覆盖在方糕上，再用比蒸垫略大的木板一块覆在湿布上，随即一手托住蒸垫，一手揪住木板翻身，揭去蒸垫，换用木板平放在方糕上，仍按上述方法将糕再翻身。然后揭去糕上木板及湿布，用刀将方糕分块铲起即成。

（6）包装　冷却后密封包装。

四、百果猪油糕

1. 原料配方

（1）皮料　糯米粉 10kg、淀粉糖浆 2.5kg、白糖 12.5kg、水适量、植物油适量。

（2）馅料　白糖 12kg、糕点粉 8kg、饴糖 2kg、猪油 1kg、白膘丁 1.5kg、芝麻屑、碎瓜子仁、碎青梅干、无花果干各适量，水适量。

2. 操作要点

（1）糕皮的制备　将白糖、淀粉糖浆、适量水放到锅中，搅拌均匀，并加热融化。然后加入糯米粉，调制成糊。将制成的糯米糊倒入提前刷好油的铁盘内，摊成厚度大约为 0.8cm 的饼状，将铁盘放到蒸笼内蒸熟，得到猪油百果糕糕皮。

（2）糕馅的制备　将熟猪油与糕点粉搓拌均匀，然后将白糖、饴糖、白膘丁、芝麻屑、碎瓜子仁、碎青梅干、无花果干、适量水等配料加入搅拌均匀，并调成糊状。将制成的馅料糊倒进提前刷好油的铁盘内，摊成厚度大约为 15cm 的饼状，将铁盘放到蒸笼内蒸熟，得到猪油百果糕糕馅。

（3）成形　将蒸熟的糕馅放到两张蒸熟的糕皮中间，用刀切成长方形即可。

五、百果油糕

1. 原料配方

面粉 1000g、白糖 300g、老酵面 100g、熟猪油 100g、青梅 50g、葡萄干 50g、瓜条 50g、核桃仁 50g、蜜枣 50g、食碱适量。

2. 操作要点

（1）和面　将面粉倒进盆内，加入老酵面和 250～300g 的水，和成面团发酵，待面团发起时加适量的碱水揉匀备用。

（2）整形　将青梅、瓜条、蜜枣、核桃仁切成小方丁与葡萄干、白糖等原料混合放入酵面内揉搓均匀，搓成长条，揪 50g 一个的剂子，再取十个小碗，将熟猪油均匀地逐个抹在小碗内。

（3）发酵　整形后将剂子揉成馒头形状，光面朝下放在碗内，用干净的布盖好，再进行第二次发酵，大约 2～3h。

（4）蒸制　发酵面坯膨胀后，就可扣在屉上，去掉碗，用旺火蒸 18～20min 即熟。

六、红枣赤豆糕

1. 原料配方

玉米面 1000g、红小豆 400g、面肥 200g、红枣 200g、白糖 200g、食碱适量。

2. 操作要点

（1）原料预处理　把红小豆洗净，放锅内煮至八成熟，捞出用凉水冲一下，沥净水。红枣用热水泡开，洗净。

（2）和面　将面肥放盆内用温水匀开，把玉米面倒入盆内，加适量水和面肥一起和成发糕面，待其发酵。

（3）加碱、揉面　将发酵好的糕面加入适量食碱揉匀，再将白糖揉入糕面里，稍饧一会儿，把糕面分为两份。

（4）蒸制　揉好并醒发锅的面放在事先铺好屉布的屉内，铺一份玉米糕面，抹平，把沥净水的红小豆铺在糕面上，再将另一份玉米糕面铺在红小豆上，用手拍平，将小枣均匀地码在上面，然后置旺火沸水上蒸 1h。熟后，将糕切成方块即可。

七、奶油发糕

1. 原料配方

高筋粉 10kg、低熔点软质人造奶油 300g、白砂糖 300～500g、酵母 50g、甜蜜素 15g、改良剂 20～30g、碱 10～30g、单甘酯

10g、奶油香精单甘酯 10g、水 5.5～6.5kg。

2. 操作要点

（1）原料预处理　酵母、改良剂用温水化开，低熔点软质人造奶油与单甘酯制成凝胶，白砂糖、甜蜜素用热水溶解。

（2）和面、发酵　将面粉、酵母水、单甘酯奶油凝胶、大量水、糖水、碱水、香精倒入和面积容器内，边搅拌边加入。根据季节调节碱量，加完后搅拌 10～12min。和好面后在 30～35℃下发酵 30～60min，至面团完全发起。

（3）揉面、成形、醒发　取出约 4kg 面团，在揉面机上揉 10遍以上，至表面细腻光滑。注意揉面撒干粉，防止粘辊。将揉好的面团切成每块 1kg 面块，手揉并适当整形成长方形坯。托盘上刷油，将坯放于盘上。送到醒发室内，在 35～40℃温度下醒发 40～60min，至完全发起。

（4）蒸制　醒发好的坯入柜，0.03MPa 下蒸制 40～45min 至熟透。

（5）包装　稍冷后切成每块 200～250g，冷却包装。

八、大米发糕

1. 原料配方

面粉 7～8kg，大米或大米粉 2～3kg，即发干酵母 20g，白砂糖 500g，甜蜜素 10g，泡打粉 20g，碱面 1～2g（根据季节定加入量），水 5.5～6kg，葡萄干、青红丝适量。

2. 操作要点

（1）原料预处理　大米可用粉碎机粉碎过 80 目以上筛，粉碎法较为简便但口感不如磨浆法。磨浆法是将米洗净浸泡 5～10h，冬长夏短，至米无硬干心。泡好后滗干，准备好 2 倍于大米的清水，将米倒于砂轮磨浆机上，开机，边加水边磨，磨浆过程不可断水。磨后过 60 目筛网，滤出的颗粒应重磨。浆在较低温度下静置 5～12h，倒去上层清液，沉淀米粉待用。

（2）和面　将面粉、即发干酵母倒进和面机容器内，加入米粉或沉淀好的米粉浆。白砂糖及甜蜜素一同溶解倒入。加水调至软硬适当的面团，搅拌均匀。

（3）发酵　和好的面团在 30～35℃下发酵 30～50min，至面

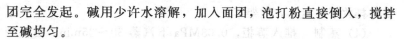

团完全发起。碱用少许水溶解，加入面团，泡打粉直接倒入，搅拌至碱均匀。

（4）成形　将面团多撒扑粉，揉面机揉 10 遍以上，至表面光滑。每 1kg 一个剂擀成长方形放托盘上，盘适当多涂油。坯表面可放数个葡萄干或青红丝等。

（5）发酵　在发酵室内醒发 40～60min，至完全发起。

（6）蒸制　发酵好后将坯料送到蒸汽柜中，在 0.03MPa 压力的蒸汽下，汽蒸 40min 左右至熟透。稍冷后切成 200～300g 的块。

九、玉米面红枣发糕

1. 原料配方

玉米面 1000g、面肥 500g、小枣 500g、红糖 200g、食碱 10g。

2. 操作要点

（1）和面　将面肥放入盆内，加入温水，倒入玉米面拌匀，加水和成软面团，把面团发酵 6～9h。

（2）饧发　将面团发起后，把食碱用开水冲化，倒入面中搅拌，和匀稍饧。

（3）整形　将屉铺上湿屉布，取一半面团均匀地摊在屉上按平，撒上一层红糖，再把另一半面团均匀地铺在上面，把小枣摆在表面，制配枣糕生坯。

（4）蒸制　将蒸锅烧开后，上屉蒸 30min，取出切块即成。

3. 注意事项

玉米面中应多加些水，和成软面团，否则枣糕面硬不暄软。

十、玉米（小米）蒸糕

1. 原料配方

玉米面 10kg 或小米粉 10kg、酵母 12g、碱 10～24g、水 2～3kg。

2. 操作要点

（1）和面　将玉米面或小米粉与酵母在和面机中混合均匀，加水搅拌 3～5min 至物料均匀、成团。

（2）发酵　将面团入面斗，在发酵室内发酵 3～4h，至稍显酸味。

（3）整形　加碱搅拌中和酸味后，取 400～500g 面团，手拍成饼，排放于蒸盘上，上架车。

（4）蒸制　推入蒸柜，0.03MPa 下汽蒸 30～35min。出柜冷却，切成 100g 左右的方形或三角形块。

十一、杂粮发糕

1. 原料配方

面粉 8kg、杂粮面 2kg、酵母 20g、白砂糖 500g、甜蜜素 10g、泡打粉 20g、碱 1g、水 5.5～6kg。

2. 操作要点

（1）和面　将面粉、杂粮面及酵母入和面机，搅拌稍加混合。白砂糖及甜蜜素用热水溶解，倒入和面机，将水调至合适温度，边搅拌边加入。搅拌至原料混合均匀。

（2）发酵　混合后，在 30～35℃温度的发酵箱内进行发酵，发酵 40～60min 到面团完全发起。

（3）加碱　碱用少许水化开加入面团，泡打粉直接加入。再和面至碱分散均匀。

（4）成形　取面团至揉面机揉 5 遍以上至表面光滑，取 1kg 为一个剂，整成 1.5～2cm 厚长方形薄片，放于托盘上，托盘适当多涂油。

（5）醒发　成形后推入醒发室，35～40℃下醒发 40～60min，至坯体积增加 2 倍以上。

（6）蒸制　醒发好的面坯送入蒸柜中进行蒸制，蒸制压力为 0.03MPa，时间为 40～50min，使坯完全熟透。蒸好的大坯稍冷却后切成 100～200g 的块。

十二、白薯松糕

1. 原料配方

白薯 1000g、籼米 3000g、面肥 400g、白糖 20g、泡打粉 50g、青红丝 50g、碱面适量。

2. 操作要点

（1）淘洗、浸泡　将籼米淘洗干净，放清水中浸泡 2～3h 磨成米粉，放布袋沥干水，倒入干净的盆中。

（2）蒸煮　将白薯洗净，放锅中加水煮烂，剥去皮，搅烂后加在米粉内拌匀。

（3）拌和、发酵　将面肥加温水少许掰开，倒在米粉内拌和，再加水适量拌匀，放温暖处发酵。

（4）调配、搅拌　将白糖用少量开水化开，倒入发酵好的米粉中，再加适量碱面和泡打粉搅拌均匀后倒在铺好屉布的笼屉内摊平，用筷子均匀地戳几个洞。

（5）蒸制　将笼屉坐在开水锅上用大火蒸至九成熟，把青红丝均匀地撒在糕面上，加盖后继续蒸熟出锅，稍凉后切成菱形块装盘即成。

十三、马铃薯发糕

1. 原料配方

马铃薯干粉 10kg、面粉 1.5kg、苏打 0.375kg、白砂糖 1.5kg、花生米 1kg、芝麻 1kg、红糖 0.5kg。

2. 操作要点

（1）混料　将马铃薯干粉、面粉、苏打、白砂糖加水混合均匀，而后将油炸后的花生米混匀其中。

（2）发酵　在 30～40℃下将混合料进行发酵。

（3）蒸料　将发酵后的面团揉好，置于笼屉上，铺平，用旺火蒸熟。

（4）涂衣　将蒸熟后的产品切成各式各样，在其一面上涂一定量溶化的红糖，滚粘一些芝麻，冷却，即成马铃薯发糕。

十四、巧克力发糕

1. 原料配方

面粉 10kg、可可粉 400g、酵母 50g、白砂糖 500g、甜蜜素 30g、泡打粉 20g、碱 5～10g、水 5.5～6kg。

2. 操作要点

（1）和面　将面粉、酵母、可可粉入和面机，搅拌稍加混合。糖及甜蜜素用热水溶解，倒进和面机容器内，将水调至合适温度，边搅拌边加入。搅拌至原料混合均匀。

（2）发酵　混合均匀后在 30～35℃温度下发酵 40～60min 至面团完全发起。

（3）加碱　碱用少许水化开加入面团，泡打粉直接加入。再和面至碱分散均匀。

（4）成形　取面团至揉面机揉 5 遍以上至表面光滑。取 1kg 为一个剂，整成 1.5～2cm 厚长方形薄片，放于托盘上，托盘适当多涂油。

（5）醒发　成形后推入醒发室，35～40℃下醒发 40～60min，至坯体积增加 2 倍以上。

（6）蒸制　在 0.03MPa 压力下汽蒸 40～50min，使坯完全熟透。蒸好的大坯稍冷却后切成 200g 的块。

十五、状元糕

1. 原料配方

面粉 1000g、白糖 500g、鲜玫瑰花 200g、老酵面 100g、葡萄干 100g、青梅 100g、碱适量、红色素少许。

2. 操作要点

（1）和面　先将老酵面用水匀开，然后加入面粉和适量的水，和成面团发酵。将鲜玫瑰花洗干净搓碎备用。青梅切成小丁与葡萄干拌合在一起。红色素加少许水泡开。

（2）整形　面团发起后，加入适量的食碱揉匀，再加入鲜玫瑰花、白糖和红色素揉至呈粉红色。然后擀成约 1.5cm 厚的四方形面片，光面朝上放在屉上，将青梅、葡萄干均匀地撒在上面稍按一按。

（3）发酵、蒸制　整形后要醒发 10min，然后用旺火蒸 40min 左右即熟。

十六、鸳鸯发糕

1. 原料配方

面粉 1000g、水 500g、面肥 150g、白糖 150g、红糖 150g，青红丝、碱各适量。

2. 操作要点

（1）和面　将面肥用水匀开，加面粉和成面团，静置发酵，发起后，兑碱揉匀，稍饧。

（2）揉面　将面团分成同样大小的两块，一块加白糖，一块加红糖，分别揉透，至糖溶化为止。

（3）整形 把红白两块面团各分成若干份，分别擀成厚约1.5cm、大小和形状一致的片，叠在一起（白的在上，红的在下），并在两片中间先刷上水，以利黏合，面上撒少许青红丝。

（4）蒸制 把生坯放入屉内，用旺火蒸约 35min 即熟，取出稍凉后，切块即成。

十七、盘转糕

1. 原料配方

面粉 1000g、老酵面 200g、澄沙馅 300g、香油 300g、温水560g、青红丝、碱各适量。

2. 操作要点

（1）和面 面粉倒在案板上，加老酵面、温水和成发酵面团。待酵面发起，加入适量碱水，揉匀，稍饧。

（2）整形 把面团搓成长条，按 200g 一个揪成面剂，将剂子搓成约 30cm 长条，按扁，擀成厚 1cm、宽 12cm 的长方形面片，再将澄沙馅均匀地抹在面片上，然后从上至下卷成圆筒状的长条，把两头卷严，从一头向另一头盘起，将后边剂头压在底部边缘即成。

（3）蒸制 待蒸锅上汽后将整形好的面坯摆到屉内，撒上青红丝，用旺火蒸约 35min 即熟。

十八、茉莉糖油糕

1. 原料配方

面粉 1000g、白糖 250g、老酵面 100g、猪油 75g、茉莉花25g、葡萄干、瓜条、小枣、青红丝各少许、碱适量、水 550g。

2. 操作要点

（1）和面 将面粉、老酵面加水和成面团发酵。

（2）制馅 将猪油切方丁后和茉莉花、白糖一起倒入和馅机容器内，混合均匀，制成白糖馅。

（3）加碱、揉面 面团发起后加适量的碱面，揉均匀，再放入白糖 50g 揉匀，然后取 150g 做面皮用，其余的搓成条，按扁，擀成 15cm 宽、65cm 长的面片，将白糖馅撒在上边（要均匀），然后由外向里折叠，到头为止。

（4）整形、蒸制　将另外 150g 面团揉匀，擀成长方形大片（大约能包起叠好的面）包起来，再按成长方形的扁片状，把葡萄干、瓜条、小枣、青丝均匀地撒在上边，上屉蒸 40min 即熟。

十九、千层糕

1. 原料配方

面粉 1000g、老肥 300g、板油 250g、白糖 50g、桂花 25g、葡萄干 25g、青梅 25g、红樱桃 25g、瓜子仁 20g、碱适量、温水 500g。

2. 操作要点

（1）和面　将称量好的面粉倒入容器内，再加老肥（或叫种子面团，老面团，也叫面肥）、温水 500g，和成发酵面团。稍饧后加入白糖 50g，碱水适量，揉匀待用。

（2）擀面　把面团擀成 15cm 宽、65cm 长的面皮。将白糖、板油、桂花搓成的脂油馅撒在擀好的面皮上，再从长的一头叠成 15cm 宽，一直叠到头，再用手轻轻按成长约 2～3cm 厚的长方形条。

（3）整形　将青梅切成小丁，码在条面上，把葡萄干、红樱桃沿糕各码一行，间距为一指，在每个青梅、葡萄干、红樱桃周围再放一圈瓜子仁，呈一朵花形。

（4）蒸制　把生坯摆到屉内，用旺火蒸 40min 左右，蒸熟后取下，晾凉后切成一定规格的方块，码于盘中即为成品。

二十、卷筒夹沙糕

1. 原料配方

面粉 1000g、豆沙馅 500g、水 500g、面肥 100g、果脯 100g、碱适量。

2. 操作要点

（1）和面　将面肥用水搅拌开，加面粉和成面团，静置发酵。发起后，添加碱揉匀。

（2）整形　把面团擀成四方形薄片，均匀地撒上豆沙，然后顺长两边相向卷起合拢。将双卷翻过来，在表面刷上清水，再铺上切碎的果脯。

（3）蒸制　整形后上屉用旺火蒸约 40min 即熟，取出切成段即成。

第二节 蒸馒头团子类

一、雪花馒头

1. 原料配方

高筋面粉 10kg、即发干酵母 16～20g、碱 10～18g、水3.2～3.8kg。

2. 操作要点

（1）和面　将 80％的高筋面粉、即发干酵母放到和面机中拌匀，加入水，搅拌至面团均匀。

（2）发酵　在温度 30～35℃、相对湿度 70％～90％的发酵室内，发酵 70～100min，至面团完全发起，内部呈大孔丝瓜瓤状。

（3）饻面　发好面团再入和面机，加入剩余面粉，用少许水将碱化开也倒入和面机。搅拌 6～10min，至面团无黄斑，无大气孔。

（4）揉面　将和好的面团分割成一定量的面块，在揉面机上揉轧 20 遍左右，使面团细腻光滑。

（5）刀切成形　轧好的面片放于案板上，卷成长条，刀切分割为一定大小的刀切方馒头形状。圆边紧靠成排放于托盘上，上蒸车。

（6）醒发　推蒸车入醒发室，醒发 30～50min，至馒头开始胀发。

（7）汽蒸　整车馒头推入蒸柜，0.03～0.04MPa 压力下汽蒸24～28min（100～140g 馒头）。

（8）冷却包装　蒸好的馒头放于无风的环境中，冷却 10～15min，装入塑料袋中，再装入保温箱中。

二、杠子馒头

1. 原料配方

中筋面粉 10kg、即发干酵母 20g、碱 12～24g、水 4～4.8kg。

2. 操作要点

（1）和面　将中筋面粉、即发干酵母倒进和面机中，搅拌混匀，加入水和面 8～12min，至物料分散均匀，面团形成。调节水温，使和好的面团达到 33℃ 左右。

（2）发酵　在温度 30～35℃、相对湿度 70%～90% 的发酵室内，发酵 50～90min，至面团内部呈大孔丝瓜瓤状。

（3）揉面　发好面团再入和面机，少许水将碱化开也倒入和面机。搅拌 3～5min，至面团均匀，无黄斑，无大气孔。将和好的面团分割成 2.5kg 左右的面块，在揉面机上揉轧 10～15 遍，使面团细腻光滑。

（4）成形　轧好的面片放在案板上，卷成长条，分割为 80～140g 的面剂，将面剂用手揉成长圆形，排放于托盘上。

（5）醒发　排放馒头后的托盘上蒸车，推入醒发室，醒发50～70min，至馒头胀发。

（6）汽蒸　整车馒头推入蒸柜，0.03～0.04MPa 压力下汽蒸 22～28min。

（7）冷却包装　蒸好的馒头放于无风的环境中，冷却 10～15min，装入塑料袋中，再装入保温箱中。

三、高桩馒头

1. 原料配方

高筋面粉 10kg、即发干酵母 14g、温水 3.8kg 左右。

2. 操作要点

（1）和面　将面粉、酵母倒入和面机，拌匀。加适量温水和成较硬的面团。

（2）压面　用揉面机揉轧 20～30 遍。

（3）整形　压好面后在案板上手揉成直径 3cm 左右的粗长条，揪成 70～100g 一个的小剂，再把每个小面剂搓成高约 10cm 的生坯，手搓要用力，坯表面光滑。揉时要撒一些干面粉，成馍时才能产生层次。

（4）醒发　生坯放入垫有棉布的木箱中，放入醒发室醒发 20～30min。

（5）蒸制　将醒好的生坯放在上架车推入蒸柜，0.03～

0.04MPa 压力下汽蒸 25～28min。

四、水酵馒头

1. 原料配方

面粉 10kg、糯米 1.2kg、绵白糖 100g、小苏打 20～50g、米酒药 15g。

2. 操作要点

（1）制米酒　把糯米（750g）用水淘净，放容器内用水浸胀（夏季浸泡约 6h，冬季浸泡约 12h），捞出用清水冲洗干净，上蒸笼蒸熟再将蒸饭过水（夏季饭要凉透，冬季饭要微温）。取小缸一只洗净，反扣蒸锅上蒸 5h 取下（夏季待缸冷透，冬季缸要微热），缸内不能沾水。将蒸饭放入缸内（冬季在放饭前，缸底缸壁要撒一点米酒药），把米酒药撒在饭上拌匀，按平，中间开窝，用干净布擦净缸边，加盖，待其发酵（夏季 2～3 天，冬季要在缸的周围堆满糠，保温发酵 5～7 天），见缸内浆汁漫出饭中间的小窝，酒即酿成，将酒酿用手上下翻动，待用。

（2）发酵米饭　取剩余糯米用水淘洗干净放入锅内，加清水置火上烧开，并立即将炉火封实，微温焖熟，不能有锅巴，饭蒸好后盛起（夏季要等饭凉透，冬季保持微温），即可投入酒酿缸中，加入面粉搅匀（不见米粒），盖上缸盖，用所酿之酒促进发酵（夏季 6h，冬季 12h，缸的周围仍围糠保温），制成酵饭。

（3）取酵汁　夏季取 25℃左右的冷水（冬季用 40℃左右的温水）10kg，倒入水酵饭缸内，用棒拌匀，加盖发酵 12h 左右（冬季 24h 左右，缸的外边用糠保温），靠缸边听到缸内有螃蟹吐沫似的声音，用手捞起饭，一捏即成团时，即可用淘笋过滤取出酵汁。在酵汁内放绵白糖，用舌头尝试一下酵水，仍有酸味，可根据酸度大小酌情放入小苏打（25～50g）。

（4）和面　将面粉倒入面缸内，中间扒窝，掺入酵水（冬季要加热至 30℃）拌和发酵。在案板上撒些扑粉，将发酵好的面团分成 8～10 块，反复揉轧至光滑细腻。

（5）整形　面团光滑后搓成圆条，摘成 70g 左右的剂子，再做成一般圆形馒头。

（6）蒸制 整形后放入蒸笼内（冬天要将蒸笼加温，手背按在笼底下不烫手为宣），由其在笼内自行胀发起1倍半左右，揭开笼盖让其冷透，吹干水蒸气。再上旺火蒸约 20～22min，按至有弹性，不粘手即熟。如发现馒头自行泄气凹陷，要随即用细竹签对泄气的馒头戳孔，用手掌拍打即能恢复原状。

五、荞麦馒头

1. 原料配方

面粉 10kg、荞麦粉 4kg、酵母 40g、水 6kg 左右。

2. 操作要点

（1）和面 面粉、酵母倒入和面机混匀，加水搅拌 6～10min。

（2）压面、整形 揉轧 5 遍左右，刀切成形。排放于托盘上蒸车。

（3）醒发 在醒发室内醒发 50min 左右。

（4）蒸制 入柜，0.03MPa 压力下汽蒸 23～27min。冷却包装。

六、开花馒头

1. 原料配方

特一粉 10kg、绵白糖 2kg、碱 200g、鲜酵母 200g。

2. 操作要点

（1）辅料处理 将绵白糖放入容器中溶化；鲜酵母放在盆中加水搅打成泥浆状；以碱和水为 1:2 的比例溶化成碱水。

（2）和面 先将特一粉 6kg 倒入盆中，将鲜酵母泥浆稀释成溶液（一般面粉和水的比例为 2:1），倒入面粉揉成面团；在30～32℃的温度中发酵 2～3h。随后，再加入其余面粉、糖水和碱水，揉透揉匀后，再发酵 2～3h，使面团发足。

（3）成形 将发好的酵面放在台板上，揉搓成长条，按所要求摘成小面坯搓成圆馒头形，并在顶部划个十字口，盖上一块半干半湿的清洁白布，使其发酵 15min。

（4）蒸制　将成形的馒头放入已煮沸水锅的笼屉中，用旺火蒸15～20min，待馒头开花，手按会自行弹起即可。

七、奶白馒头

1. 原料配方

特精面粉（雪花粉）10kg、干酵母 40g、食盐 20g、白糖 1kg、泡打粉 100g、色拉油 300g、单甘酯 10g、馒头改良剂 50g、鲜奶精 30g、水 4.8kg。

2. 操作要点

（1）原料处理　食盐、白糖、馒头改良剂一同用温水溶解。

（2）调粉　将酵母、泡打粉、鲜奶精和面粉在和面机内混合均匀，加水及溶解盐、糖的溶液，搅拌 2min 成面絮时加入色拉油和单甘酯凝胶液，再搅拌 6～10min，至面团细腻。

（3）成形　将面团分割成 1kg 左右的大块，在揉面机上揉轧 20～30 遍，至表面光滑细腻。在案板上卷后切成 20g 左右的小馒头，排放于蒸盘上。

（4）醒发　蒸盘上架车后推入醒发室，醒发 60～80min，至坯胀发 2 倍左右。

（5）汽蒸　推入蒸柜，0.02～0.03MPa 压力下蒸制 15min 左右。

（6）冷却包装　在湿度较大的室内冷却 20min 左右，使馒头与室温接近。整齐排列包装入塑料袋中，每袋 10 个。

八、水果馒头

1. 原料配方

面粉 10kg、牛奶 2kg、鸡蛋 20 只、白糖 500g、什锦蜜饯 500g、鲜酵母 200g。

2. 操作要点

（1）制老面团　取清洁盛具，放入鲜酵母，用牛奶将鲜酵母调开，加入白糖 200g 和水 2.5kg 调匀，放在温暖的地方，经 0.5～1h 发酵，待用。

（2）和面　将面粉倒入和面机，再将鸡蛋敲开，放入盆中，将鸡蛋液调入的鲜酵母、白糖及牛奶，与面粉搅拌至均匀、和透，然后放在面斗中，入发酵室使面团发起。

（3）整形　将什锦蜜饯切碎，把碎蜜饯和白糖 300g 揉入发起的面团中，把面团分成 50～80g 面剂。

（4）蒸制　面剂放于蒸盘上入醒发室稍饧，即可上笼蒸，旺火蒸 20～25min，待馒头蒸熟，离火、出笼。

九、芝麻馒头

1. 原料配方

面粉 10kg、白芝麻 1kg、豆蔻 150g、干酵母 50g、食碱适量。

2. 操作要点

（1）原料预处理　将白芝麻淘洗干净，控净水，放锅内用小火炒至酥香，取出，搓去外皮，擀压成芝麻细粉。豆蔻去净杂质，碾成细末。干酵母、食碱分别加温水化开。

（2）和面、发酵　将芝麻粉、豆蔻末加入面粉中拌匀，再加入酵母及适量温水，和成面团，加盖湿布，放温暖处发酵。

（3）整形　待其发酵好后，放案板上加入碱水，揉匀揉透，搓成条，用刀切成 200 个小面剂，揉成馒头形。上算醒发 30min。

（4）蒸制　蒸笼内待蒸锅烧开后，将蒸算移锅上，加盖，用旺火急蒸 22min 左右，取出即成。

十、荷花馒头

1. 原料配方

高筋面粉、老酵面各 1000g，白糖、红曲水、碱水各适量。

2. 操作要点

（1）和面、发酵　在高筋面粉加水调好后，掺入老酵面揉匀，用湿布盖上，待发酵好后兑上碱水揉透，用湿布盖好，稍饧。

（2）整形、蒸制　将饧透的面团揪成 12 个剂子，做成馒头，放入笼屉置旺火沸水锅上，蒸约 22min，待外皮不粘手时即取出，稍凉，趁热剥去馒头外皮。

（3）造型　用干净剪子将馒头剪出 3～4 层荷花瓣。剪时由上而下，花瓣逐层减少。而后用小刷子将红曲水轻轻地刷在花瓣顶端即可。

十一、枣花馒头

1. 原料配方

特一粉 10kg、酵母 40g、大枣 400 个、水 4kg、碱适量。

2. 操作要点

（1）制老面团　将 80% 特一粉与酵母混合均匀，加水在和面机中搅拌 4～6min，入面斗车进发酵室，发酵 60min 左右。碱用少许水溶解备用。

（2）和面　发好的面团再入和面机，加入剩余特一粉和碱水搅拌 6～10min，至面团细腻光滑。

（3）揉面　将和好的面团用揉面机揉轧 10 遍左右，在案板上卷成长条，搓细至直径 2cm 左右长条，用粗不锈钢丝顺面条压两条印，截成约 20cm 长的面条，将面条折成 M 形，每个折点夹一颗大枣，再用筷子在两边夹一下。排放于托盘上，上架车。

（4）醒发　将架子车推进醒发室内，在 36～39℃ 温度下发酵 40～60min，到馒头胀发充分时为止。

（5）蒸制　将发酵好后的馒头推车取出，推进蒸柜内，在 0.03～0.05MPa 压力下汽蒸 25～28min。

十二、南瓜馒头

1. 原料配方

特一粉 10kg、生南瓜 8kg、蛋白糖 10g、即发干酵母 48g、泡打粉 44g、水 2kg。

2. 操作要点

（1）原料预处理　将南瓜切开，去瓤去皮洗净，置于蒸锅中蒸制 15min，加入蛋白糖拌匀成糊。

（2）和面　将特一粉与酵母和泡打粉混合均匀，加入水和南瓜糊，搅拌至面团均匀细腻。

（3）整形　馒头机成形为 60～100g 馒头坯，经整形机整形后，排于托盘上，上架车。

（4）醒发　推架子车进入醒发室那日，醒发温度为 37℃ 左右，时间为 50～70min，至馒头胀发充分的时候为止。

（5）蒸制　醒发成功后，再推架子车进入蒸柜，在 0.03～

0.05MPa 压力下汽蒸 22～25min。

十三、玉米面馒头

1. 原料配方

面粉10kg、玉米面5kg、酵母3g、砂糖400g、碱18g、水6kg
左右。

2. 操作要点

（1）和面　将面粉、玉米面、酵母倒入和面机混匀，砂糖、碱
分别用水溶解后加入，加水搅拌 6～10min。

（2）压面、整形　揉轧10遍左右，刀切成形。

（3）醒发　排放于托盘上蒸车。在醒发室内醒发50min左右。

（4）蒸制　入柜，0.03MPa 压力下汽蒸 23～27min。冷却
包装。

十四、紫米面小枣窝头

1. 原料配方

紫米面1000g、红枣300g、红糖300g、糖桂花40g。

2. 操作要点

（1）和面　将小红枣洗净，上笼蒸熟，用10g糖桂花拌匀。紫米
面放入盆内，加入红糖、糖桂花，用温水和匀，揉成面团，分成
20份。

（2）整形　取一份紫米面团，在两手中抟揉成圆球形，然后放
在左手掌心，右手拇指在圆球面上钻1个小洞，右手拇指边钻洞，
左手掌边配合右手指转动紫米面圆球，直至洞口由小渐大，由浅到
深，把面球上端捏成尖形，成窝头形状。

（3）蒸制　将小红枣插嵌在窝头上，放入笼屉内蒸25min即成。

3. 注意事项

紫米面、红糖加温水充分揉匀、揉透，这样便于成形。窝头大
小要一致。

十五、阆中蒸馍

1. 原料配方

特一粉10kg、白糖2kg、鲜酵面400g、糖桂花200g。

2. 操作要点

（1）第一次和面、醒发　事先用鲜酵面 400g、白糖 100g、特一粉 1.5kg 及水 1.5kg 搅拌成稀糊状，发酵成酵面（发酵室内发 5h 左右）。

（2）第 2 次和面　将特一粉 8kg、白糖 1.8kg（其余特一粉、白糖做扑面用），倒入和面机中，加水 2kg，与酿成的酵面、糖桂花拌匀。加入干糖面粉（即扑面），揉轧均匀后，搓成长条。

（3）整形　将搓成的长条揪分成 200 只面剂，逐个揉团成状如高桩馍形的生坯。

（4）第 2 次醒发　整形后的馒头坯放在木盆里饧发（春、夏季约 20min，秋、冬季约 30min）。

（5）蒸制　饧发后用刀在"馍馍"的顶部划一道 2cm 深的口子，入笼用旺火蒸 22min 即成。

十六、陕西罐罐馍

1. 原料配方

高筋面粉 10kg、水 3.8kg、即发干酵母 14g、碱适量。

2. 操作要点

（1）和面　将高筋面粉、即发干酵母倒入和面机，拌匀。加适量温水和成较硬的面团，入发酵室发酵 50～70min，至面团完全胀发。

（2）加碱水　加适量碱水搅拌均匀。

（3）压面、整形　用揉面机揉轧 20～30 遍，再在案板上手揉成直径 3.3cm 左右的粗长条，揪成 100～140g 一个的面剂，再把每个小面剂搓成高约 10cm 的生坯，手搓要用力，坯表面光滑。揉时要撒一些干面粉，成馍时才能产生层次。最后整形为罐罐形状。

（4）发酵　放入垫有棉布的木箱中，放入醒发室醒发 20～30min。将醒好的坯叉在叉座上，上架车推入蒸柜，0.03～0.04MPa 压力下汽蒸 27～30min。

十七、橡头馍

1. 原料配方

面粉 1000g、酵面 160g（夏季用酵面 120g，冬季用酵

220g)、30℃温水350g（夏季20℃，冬季50℃）。

2. 操作要点

（1）和面　将面粉200g同酵面和成面团发酵，另将700g面粉和成面团，压成面片，包入发好的酵面团，再将剩余的100g干粉放在面块上，用木杠反复挤压，直至干面粉与湿面团结成硬面团为止。经过反复揉搓，放进瓷盆，盖以湿布，饧半小时，待手感发软时即可制作。

（2）压面　取出面团放在案板上，用揉面机反复折压，直至柔软光润，然后搓成条（要求不见缝隙），切成20个剂子。

（3）整形　切好的剂子要刀口朝下，用双手掬住，右手向前，左手向后，左手拇指压住馍顶，搓成下大上小的馍坯，状如橡头。将馍坯整齐地排放在案上，盖上湿布回饧。待馍坯微微发虚即为饧透。

（4）蒸制　笼屉上抹一层油，摆上馍坯。将锅置旺火上，水沸后上笼，汽圆后，再蒸约20min即成。

十八、红薯面窝头

1. 原料配方

薯面10kg、鲜红薯1kg、白砂糖0.8kg、水2~3kg。

2. 操作要点

（1）原料预处理　将鲜红薯洗净，最好去皮，再视红薯个体大小，蒸锅中蒸制15~25min，使其完全熟软。放入高速搅拌机，放入白砂糖，将其打成薯泥备用。在鲜红薯难以购买的季节，也可以不加。

（2）和面　将薯面和薯泥一起倒入和面机的容器内，然后加水搅拌大约5~10min，使物料均匀一致，呈现面团状。

（3）整形　取60~100g面团，手捏成上尖的圆锥形，为了使成品看上去体积较大，并且蒸制时容易熟透，自圆锥的底部用拇指捣捏一个孔洞。排放于蒸盘上，上架车。

（4）蒸制　整形后的窝头坯料推入蒸柜，0.03MPa压力下汽蒸20~25min。

十九、高粱面窝头

（一）方法一

1. 原料配方

高粱面 10kg、酵母 12g、碱 8～20g、水 2～4kg。

2. 操作要点

（1）和面　将高粱面与酵母在和面机中混合均匀，加水搅拌 3～5min 至物料均匀、成团。

（2）发酵　将面团入面斗，在发酵室内发酵 2～3h，至稍显酸味。

（3）加碱、整形　加碱搅拌中和酸味后，取 50～100g 面团，手捏成上尖的圆锥形，为了使成品看上去体积较大，并且蒸制时容易熟透，自圆锥的底部用大拇指做凹洞。排放于蒸盘上，上架车。

（4）蒸制　推入蒸柜，0.03MPa 压力下汽蒸 20～25min。出柜冷却包装。

（二）方法二

1. 原料配方

面粉 10kg、高粱面 5kg、酵母 30g、砂糖 300g、碱 12g、水 6kg 左右。

2. 操作要点

（1）和面　将面粉、高粱面、酵母倒入和面机混匀，将砂糖、碱分别用水溶解后加入，加水搅拌 6～10min。

（2）压面　揉轧 10 遍左右，刀切成形。排放于托盘上蒸车。

（3）醒发　在醒发室内醒发 50min 左右。

（4）蒸制　入柜，0.03MPa 压力下汽蒸 23～27min。冷却包装。

二十、萝卜丝团子

1. 原料配方

玉米面 1200g、面粉 300g、豆面 150g、白萝卜 1500g、猪肉末 600g、麻油 150g、酱油 60g、葱末 60g、姜末 30g、精盐 24g、味精 9g、发酵粉适量。

2. 操作要点

（1）辅料预处理 将白萝卜洗净，用礤床把萝卜擦成丝。锅内放水，置火上烧沸后，下入萝卜丝焯一下捞出，用冷水冲凉，挤干水分。

（2）和面 将玉米面、面粉、豆面放入盆内，加入适量发酵粉拌匀，用温水和成面团，稍饧发一会儿。

（3）制馅 将炒锅置火上烧热，放入麻油少许，油热后把葱末、姜末下锅煸炒出香味，倒入猪肉末炒散，加入酱油、精盐、味精炒匀，晾凉后，加入萝卜丝，搅拌成馅心。

（4）包馅 将玉米面团分成8份，揉成小面团。取1份放在左手掌中，按成圆饼，制成小碗状，把萝卜丝馅心放入中间，左手和右手互相配合，将玉米面捏好包严。依照此方法逐个做完。

（5）蒸制 将笼屉内铺上屉布，把菜团生坯码入屉内，置旺火沸水锅上蒸20～30min即熟。

3. 注意事项

玉米面皮的软硬度以能包得住菜馅为宜。萝卜丝要用开水烫一下，以去掉萝卜气味。

第三节 蒸花卷类

一、荷叶卷

1. 原料配方

面粉1000g、面肥100g、水500g、碱适量、植物油适量、精盐适量。

2. 操作要点

（1）和面、发酵 将面肥添加水、面粉混合均匀，静置发酵。待面发起后，加入碱混合均匀，再稍微发酵5min。

（2）整形 将面团搓成长条，按每个25g揪成面剂，擀成直径约8cm、薄厚均匀的圆饼，刷油、撒盐、对折，再刷油、撒盐、对折（即成扇形），用竹尺在尖头处划上花纹（或用木梳压上花纹），再划上放射形的直纹，然后围绕扇形的弧，用尺向上挤上2～3个凹口，使四周边沿立起，呈荷叶卷状。或用刀切两刀，挤成花卷也可。

（3）醒发　将整形后的坯料推入发酵箱内，继续醒发 30min 左右。

（4）蒸制　醒发好后，把生坯摆入屉内，用旺火蒸熟即可。

二、葱油折叠卷

1. 原料配方

面粉 10kg、发面 30kg、葱花 600g、温水 5kg、豆油 2.5kg、盐 150g、碱适量。

2. 操作要点

（1）和面　将面粉倒入和面机的容器内，再加入发面和温水，再加入适量碱水，搅拌均匀，和成发酵面团。稍醒发。

（2）整形　将面团分成面块，揉轧 15 遍，成长方片，刷上豆油，并均匀地撒上葱花、盐和薄面。再从上下各向中间对卷，呈双筒状。靠拢后，用刀分开，再切成 100g 一个的面剂，用双手拇指在生坯中间按一下，稍抻，并叠起来，稍按。让两边的花向上翻起即成。

（3）发酵　将整形后的坯料摆放在蒸盘上，然后上架车，推入发酵室发酵 60～70min。

（4）蒸制　将发酵好的坯料和架子车一起推入蒸柜，在0.03～0.04MPa 蒸汽压力下蒸制 20～30min 即熟。

三、葱油花卷

1. 原料配方

中筋面粉 1000g、温水 450g、植物油 100g、小葱 80g、干酵母 10g。

2. 操作要点

（1）和面　干酵母用适量温水化开。将中筋面粉、活化好的干酵母倒入和面机容器内，再加入加适量温水，调制成面团。

（2）发酵　和好的面团盖湿布静置发酵，发酵至原来体积 2 倍大。

（3）整形　将发酵好的面团用手揉匀，至面团内无气泡，再将面团分成四等份，每份都擀成长方形薄片，但面皮不要擀得太薄，否则影响生坯起发效果。均匀撒一层盐，用擀面杖轻擀一下，用手抹一层植物油，然后均匀撒一层葱花。从长的一边将面片卷起，两端收紧口，分割成均匀八等份。取一个剂子按扁，沿切口方向揉长，再折三折，用筷子在中间压一下，再用手把底部两端并拢捏紧即可，其余剂子也按此法成形。

（4）醒发　花卷生坯盖上湿布后再次醒发 20min。

（5）蒸制　一定用文火蒸制，且蒸制时间不宜太长。蒸锅加凉水，铺上屉布，码入花卷生坯，旺火烧开后，转文火蒸 8min，关火 3min 后取出即可。

四、金钩鸡丝卷

1. 原料配方

面粉 1000g、老面 100g、白糖 50g、热水 600g、小苏打 10g、化猪油 30g、食盐 10g、金钩 50g、色拉油 40g。

2. 操作要点

（1）和面　面粉置于案板上，用手刨成"凹"形，加入老面、热水、白糖揉匀揉透，盖上湿毛巾静置，使之发酵。发好后加入适量小苏打、化猪油，揉匀，盖上湿毛巾继续静置 10min。金钩剁成细末。

（2）整形　案板上撒上少许干面粉，将面团擀成 0.5cm 厚的长方形面皮，刷上一层油，均匀地撒上食盐和金钩末，然后卷成圆筒，搓成细条，用刀切成 6cm 长的段，然后每段切成丝，抄成一束，用手捏住面剂两头，向两侧反方向拧一圈即成生坯，放入刷油的蒸笼内，刷油不宜过多。

（3）蒸制　用旺火蒸约 12min 就成熟了。

五、银丝卷

1. 原料配方

中筋面粉 1000g、清水 450g、白糖 180g、老面 130g、猪油 50g、香油 25g、食用碱 8g。

2. 操作要点

（1）面团调制　将老面放入容器内，用温水溶开，加入面粉和成面团。

（2）发酵　调好的面团盖上湿布静置发酵，发酵至原来体积 2

倍大以上就可以了。

(3) 对碱　食用碱用少量温水化开，与白糖一同揉入发酵的面团内，揉制均匀。

(4) 成形　面团搓成长条，用抻面的方法拉抻八九扣，抻好放案板上松散开。猪油和香油拌匀，面条上涂油要均匀，面条才能分开不黏结。刷在面丝上，切成 10 段。抻面剩下的面头揉好，揪成10 个剂子，每个剂子擀成椭圆形面皮，擀面皮时要四周薄、中间厚。而且皮子要裹得紧一点。各包入一段面丝，卷好包严。馅心面要稍软，皮面略硬一点儿。

(5) 醒发　成形后盖上湿布醒发 10～15min，生坯要醒足，成品才会白净饱满。

(6) 蒸制　蒸锅加凉水，铺上屉布，码入花卷生坯，旺火烧开后，转文火蒸 20min，关火 3min 后取出即可。

六、芝麻酱卷

1. 原料配方

馒头专用面粉 1000g、芝麻酱 200g、精盐 20g、即发干酵母 3g、水 440g、碱适量。

2. 操作要点

(1) 和面　面粉和酵母倒入和面机，搅匀。精盐、碱分别溶解于水，加入面粉中，搅拌 12min 左右，至面团的筋力形成，并得到延伸。倒面团入面斗车，推入发酵室发酵 60min 左右，面团完全发起为止。

(2) 整形　将发好的面团在揉面机上揉轧 10 遍左右，轧成 3mm 厚薄片。摊于案板上，刷上芝麻酱，撒匀精盐和薄面。自一边卷起，搓成直径 3cm 的长条。刀切成 4cm 的段，两段叠压在一起，用筷子在中间压条深印。接口朝下放于托盘上，上架车。

(3) 醒发、蒸制　推车进醒发室，醒发 40～60min，推入蒸柜，0.03～0.04MPa 压力下汽蒸 25～30min。

七、芝麻盐马蹄卷

1. 原料配方

面粉 10kg、酵母 32g、花生油 400g，碱、芝麻、精盐各适量。

2. 操作要点

（1）原料预处理　把芝麻炒熟，擀碎与盐拌在一起备用。

（2）和面　把 8kg 面粉倒入和面机，与酵母拌匀。加入温水 8kg，和成面团，揉匀，发酵 50min。

（3）加碱、压面　发好的面团加入剩余面粉和碱水，和成延伸性良好的筋力面团。用揉面机揉压 10 遍左右，成光滑细腻、厚约 0.3cm 的长方形薄片。

（4）整形　放在案板上，刷一层油，抹上麻盐与扑粉，从上下向中间对卷，呈双筒状。靠拢后，用刀把条分开，用水将边粘住。用刀横切成 25g 重的面剂，用双手拇指和食指横夹住中间部分，使两侧刀切处连在一起。再用双手拿住两头，稍抻，长约 10cm，向中间揪成马蹄状即可。

（5）醒发、蒸制　将生坯装入托盘，置于醒发室醒发 40～60min，入柜，0.03MPa 下蒸汽蒸 15～18min，待蒸熟取出即可。

八、红枣花卷

1. 原料配方

面粉 1000g、热水 600g、生猪板油 400g、红枣 200g、白糖 50g、蜜玫瑰 40g、化猪油 30g、即发干酵母 20g、泡打粉 14g。

2. 操作要点

（1）和面　面粉加即发干酵母、泡打粉拌匀置于案板上，用手刨成"凹"形。白糖加热水溶化，加入面粉中和成面团，然后加化猪油揉匀揉透，盖上湿毛巾静置 10min。

（2）红枣预处理　红枣去核，切成细末，蜜玫瑰剁细。板油撕去油皮，用刀剁成蓉，与红枣、蜜玫瑰一起拌匀即成油蓉。

（3）整形　案板上撒上少许干面粉，将面团取出，用擀面杖擀成长方形薄片，折叠后再次擀成薄片，反复几次，将面团擀成表面光滑、厚约 0.5cm 的长方形面皮，抹上油蓉，卷成圆筒，用刀横条切深度为 0.5cm、宽度为 0.5cm 的花刀，分割面剂，取一面剂，用手捏住两端轻轻拉长，再叠成"日"字形即成。

（4）醒发　放进刷油的蒸笼内，放置醒发约 30min。酵母发酵面团成形后必须充分醒发后才能成熟。

（5）蒸制　用旺火将水烧开，蒸制 12min 即熟。

九、南瓜蝴蝶卷

1. 原料配方

中筋面粉 1000g、去皮南瓜 250g、温水 350g、干酵母 20g。

2. 操作要点

（1）原料处理　将去皮南瓜切块蒸熟、蒸软，用勺子压成泥。干酵母用温水化开，南瓜泥加入化开的酵母水搅拌均匀。

（2）面团调制、醒发　将南瓜酵母水加进面粉中拌匀，揉成面团放入盆中，盖上保鲜膜，醒发至原体积 2 倍大。

（3）成形　将发好的面团揉制均匀，等到完全排气，再搓成长条，分割成剂子。取一份面剂搓成粗细均匀的长条，由两端同时向中间盘卷。卷至两圆圈相对，中间再留出一节做蝴蝶角。用筷子将两个面卷的中间夹紧，再用手在筷子中间的面卷上按一下，定好型。用刀把蝴蝶的触角切开，用手搓细，即成蝴蝶生坯。

（4）醒发、蒸制　先将蒸锅加入凉水，再铺上屉布，码入花卷生坯，盖上湿布再次醒发 15min 左右。旺火烧开后，转文火蒸5min 即可。

十、肉松卷

1. 原料配方

馒头专用面粉 1000g、肉松 160g、色拉油 80g、即发干酵母3g、碱适量、水 440g。

2. 操作要点

（1）和面　将面粉和酵母倒入和面机，搅匀。碱溶解于水，加入面粉中，搅拌 12min 左右，至面团的筋力形成，并得到延伸。倒面团入面斗车，推到发酵室发酵 50～60min，至面团完全发起为止。

（2）揉面　将发好的面团在揉面机上揉轧 10 遍左右，轧成5mm 厚薄片。

（3）整形　摊于案板上，刷上色拉油，撒上肉松。自一边卷起，搓成直径 3cm 的长条。刀切成 4cm 的段，上表面刷一些水，再撒少许肉松。放于托盘上，上架车。

（4）醒发、蒸制　将整形好的面坯以及推车一起送进醒发室醒发 40～60min 后，推进蒸柜内，在 0.03～0.04MPa 的蒸汽压力下蒸 22～25min 就成熟。

十一、四喜花卷

1. 原料配方

中筋面粉 1000g、温水 450g、白砂糖 150g、食用油 150g、青豆 100g、水发香菇 100g、炼乳 100g、甜玉米 100g、火腿 60g、干酵母 8g、泡打粉 8g。

2. 操作要点

（1）原料处理　将青豆、甜玉米、火腿和水发香菇清洗干净，然后分别切成碎粒，但配料不宜切得过细，准备待用。

（2）面团调制、发酵　将面粉入盆，放入干酵母、泡打粉、白砂糖掺和均匀后，加炼乳和适量温水和成软硬适度的面团，面团放入盆中，盖上保鲜膜，醒发至原体积 2 倍大。

（3）成形　将发好的面团揉匀，至完全排气，擀成长方形薄片，均匀地刷上一层食用油，分别撒上青豆末、玉米末、香菇末和火腿末，从两边分别向中间卷起成双卷形，横切成等份的方枕剂子。然后在剂子的背面顺切一刀，不要切断，使底层坯皮相连，接着从刀口处向两边向下翻出，刀口朝上成四喜花卷生坯，生坯做好后静置时间不宜过长，否则形态较差。

（4）醒发　先将蒸锅加入凉水，再铺上屉布，码入花卷生坯，盖上湿布再次醒发 15min。

（5）蒸制　醒发好后，先用旺火烧开，然后转文火蒸 15min 即可。

十二、马鞍卷

1. 原料配方

面粉 10kg、干酵母 40g、碱 200g、小磨香油、精盐各适量。

2. 操作要点

（1）面团调制　将面粉与酵母掺在一起，加温水用和面机和好和匀。把面团发起，兑适量碱水，搅拌至面筋延伸。

（2）压面　揉轧面团 10 遍左右，成光滑细腻、厚约 0.3cm 的长方形薄片。案板上撒少许面粉，将面片放上，均匀地抹少许油，撒少许盐。用双手托起面片，由外向里叠 3～4 层，卷成直径约 5cm 的圆柱（注意松紧且粗细均匀），切成宽 4cm 的段，用手拉长再卷起来，用筷子在中间压一凹槽，成马鞍形，做成马鞍卷生坯。

（3）醒发、蒸制　将马鞍卷生坯装入托盘，置于醒发室醒发 60～80min，入柜用 0.03MPa 蒸汽蒸 27～30min，待蒸熟取出即可。

十三、十字卷

1. 原料配方
面粉 10kg、植物油 1.2kg、酵母 32g，碱、精盐、花椒面各适量。

2. 操作要点
（1）和面　把面粉倒入和面机，与酵母混匀，加 4.4kg 温水和成面团。入发酵室发酵 50min。

（2）加碱、揉面　把发好的面团加入碱水，和成延伸性良好的筋力面团。揉轧 10 遍左右。放于案板上刷一层油，撒上花椒面、精盐少许，再撒些扑粉，从上下各向中间对卷，呈双筒状。靠拢后，用刀切分开，切成质量为 25g 一个的面剂，并用筷子在中间压成十字形，即成生坯。

（3）醒发、蒸制　将生坯装入托盘，入醒发室醒发 40min 左右。入柜，0.03MPa 下蒸汽蒸 12～15min，待蒸熟取出即可。

十四、如意卷

1. 原料配方
特一粉 10kg、酵母 32g、熟猪油 200g、苏打粉适量。

2. 操作要点
（1）和面　把特一粉倒入和面机，与酵母混匀，加 4.8kg 温水和成面团。推入发酵室发酵 50min。

（2）加碱水、压面　把发好的面团加入碱水，和成延伸性良好的筋力面团。取 700g 面团，揉轧 10 遍左右，压成长约 20cm、厚0.5cm、宽 12cm 的长方形面皮，用油刷抹猪油，由长方形的窄边向中间对卷成两个圆筒后，在合拢处抹清水少许，翻面，搓成直径3cm 的圆条，用刀切成 40 个面段。

(3) 醒发、蒸制　在蒸盘上抹上少许油，然后把 40 个面段立放于盘上，入醒发室醒发 30min。入柜，0.03MPa 下蒸汽蒸 12～15min，待蒸熟取出即可。

十五、燕尾卷

1. 原料配方

面粉 10kg、酵母 40g、豆油 0.8kg、碱适量。

2. 操作要点

（1）和面　将面粉、酵母倒入和面机内，再加温水 10kg 混合搅拌均匀。

（2）发酵　将调制好的面团推入发酵室发酵 50min。

（3）加碱水、压面　把发好的面团加入碱水，和成延伸性良好的筋力面团。揉轧 10 遍左右。放在案板上卷成长条，下一定规格的面剂，按扁，擀成直径 8cm 左右的圆饼，底部上刷一层油，稍撒薄面。对折两次，呈三角形，在弧形边上向里切两刀，用手捏住三角形的中部，在切口处用刀顶一下即成。

（4）发酵　将生坯装入托盘，推入醒发室内醒发 30min 左右。入柜，0.03MPa 下蒸汽蒸 12～15min，待蒸熟取出即可。

十六、麻花卷

1. 原料配方

面粉 10kg、花生油或豆油 800g、椒盐面 200g、酵母 40g、碱适量。

2. 操作要点

（1）和面、发酵　将面粉 8.8kg 倒入和面机的容器内，加入酵母混匀，加温水 4.4kg，搅拌均匀。入发酵室发酵 50min。

（2）加碱、压面　把发好的面团加入剩余面粉和碱水，和成延伸性良好的筋力面团。

（3）整形　把压好的面团分成 400g 左右的面块，揉轧 10 遍左右，再切成四块，每块轧成 3mm 厚的长条，刷一层油，撒上椒盐面，由外向里卷起，再搓成长条，下成质量为 50g 的小剂。或将面片叠成 5～10 折，下成小剂。将小剂逐个拿起，用双手拇指和中指上下对齐，用力一捏，再一扭，拧成麻花形状，摆于托盘上。

（4）醒发　将生坯入醒发室醒发 30～50min。

（5）蒸制　入柜，0.03MPa 下汽蒸 20～22min。

十七、灯笼卷

1. 原料配方

面粉 10kg、花生油或豆油 0.66kg、酵母 40g、水 4.2kg、碱适量。

2. 操作要点

（1）和面、发酵　将面粉 8kg 倒入和面机的容器内，再加入酵母、温水混匀后再加入豆油搅拌均匀。放入发酵室发酵 50min 左右。

（2）加碱、压面　把发好的面团加入剩余面粉和碱水，和成延伸性良好的筋力面团。用揉面机揉轧 10 遍左右，压成长方形薄片。

（3）整形　放在案板上，卷成长条，下成质量为 25g 的面剂，按扁，擀成圆饼，刷层油，撒些薄面，对折起来，用擀面杖擀一下，右手压住弧形的中间部分，左手的拇指和食指夹住折叠的中间部分，向外平行拉一下即成。

（4）醒发　将生坯装入托盘，入醒发室醒发 20～30min。

（5）蒸制　醒发好后将坯料放入蒸柜中，用 0.03MPa 蒸汽蒸大约 12～15min，蒸熟后取出即可。

十八、扇子卷

1. 原料配方

面粉 1000g、发面 2100g、豆油 330g、温水 400g、碱适量。

2. 操作要点

（1）和面　把面粉倒在盆内扒个坑，加发面，用温水 400g 和适量的碱水和成发酵面团。揉匀，稍饧。

（2）整形　把饧好的面团取出，在案板上搓成长条，下成 25g 的面剂，按扁，擀成直径 6.5cm 的圆饼。表面刷一层豆油，撒上薄面，对折两次，呈三角形。用刀顺三角形顶端顺压成斜条形到头，如扇状。再用刀在三角形靠尖部横压一刀即可。

（3）醒发、蒸制　在发酵室内醒发 20～30min 后，把生坯摆入屉中，用旺火蒸制 12～15min 即熟。

十九、套环卷

1. 原料配方

面粉 10kg、香油 0.8kg、酵母 40g、碱适量。

2. 操作要点

（1）和面　将 8.8kg 面粉、酵母倒入和面机，加 4.4kg 左右的温水和成团，进行发酵。

（2）整形　待面发起时，加入剩余面粉和适量的碱水搅拌成延伸性好的面团。把面团揉轧 15 遍，轧成 5mm 左右厚的长方形面片，抹上一层香油，从外向里卷成卷，略成扁形，用刀切成 50g 的面块。用刀在面块的中线处切一刀，两头不能切断，然后将面块拿在手里，将面块的一头由刀口处套翻过来，然后两手各拿面的一头，再略抻一下，即成套环卷的生坯。照此逐个做好。

（3）醒发、蒸制　整形后放入发酵室内醒发 20～40min，然后上柜大汽蒸熟。

第四节　蒸包子类

一、豆沙包

（一）方法一

1. 原料配方

玉米面 1000g、面粉 600g、面肥 600g、豆沙馅 2000g、食碱适量。

2. 操作要点

（1）和面　将面肥放入盆中用温水溶解后倒入玉米面、面粉，并揉和均匀，制成面团，用湿布盖上待其发酵。

（2）包馅　将发面团加入适量食碱揉搓均匀后，稍饧一会儿，把面团搓成条，揪成 25g 的面剂子，用手按扁，包入豆沙馅成椭圆形，码在屉上。

（3）蒸制　包馅好后的包子放到旺火上蒸 15min 左右即可。

3. 注意事项

掌握好二面豆沙包的用料比例，一般是玉米面与面粉的比例

1∶1较适宜。用二面除蒸豆沙包外，还可蒸二面馒头、二面发糕、二面发面饼等。蒸制豆沙包要用旺火、沸水。

（二）方法二

1. 原料配方

面粉 1000g、酵面 200g、绿豆沙 600g、白糖 450g、桂花酱 30g、碱 20g。

2. 操作要点

（1）和面　将面粉放入盆内，加适量水和酵面和成面团，发酵后加碱水和白糖 50g 揉匀，稍饧。

（2）制馅　将绿豆沙、余下的白糖和桂花酱拌成馅。

（3）整形、蒸制　面团搓成直径 3cm 的长条，下 22 个面剂，逐个擀成圆片。用面皮包入绿豆沙馅揉成鸭蛋形，包口朝下，平放在案板上。全部包好后，放入笼中，用旺火蒸约 15min 即熟。

二、莲蓉包

1. 原料配方

面粉 1000g、生莲子 500g、白糖 250g、青梅 100g、猪油 100g、老酵面 50g、碱 5g。

2. 操作要点

（1）原料预处理　将生莲子放在盆内，加入热水，使水浸过莲子。再放入碱面 5g，然后用刷子反复刷洗（刷洗时速度要快），待刷洗的水发红色，将水倒掉，再换新热水，按上述要求反复刷洗 3～4 次，直到莲子全部刷得呈洁白为止。而后用清水洗净。用小刀将莲子两头削去，再把莲子心取出来。把没心的莲子放入盆内，加凉水上屉蒸熟。把水倒掉，将莲子搓成细泥备用。

（2）拌馅　锅内放猪油、白糖。待糖溶化后，把莲子泥放入锅内，用文火炒浓为止，放入盆内晾凉。然后将青梅切成小丁，放入炒好的莲子泥内，搅拌均匀即成莲子蓉馅。

（3）和面、包馅、醒发、蒸制　将面粉倒入盆内，加老酵面和 500g 左右的水和成面团，发起后加入适量的碱揉匀，搓成条，下 25g 的剂子，揉光按扁，包入 15g 莲子馅，成馒头形状，朝下摆放。适当静置醒发，上屉蒸熟取出即成。

三、枣泥包

（一）方法一

1. 原料配方

发面 1000g、小红枣 1000g、白糖 150g、桂花 50g、猪油或香油 100g、碱适量。

2. 操作要点

（1）原料预处理　把小枣按扁取出枣核洗净，倒入锅内煮烂（加水不要太多，煮烂即可）。然后过罗出皮备用。

（2）制馅　锅内放入油，加 50g 白糖，待白糖溶化后，倒入枣泥，用文火慢炒，见枣泥发浓时盛入盆内，晾凉后再加桂花即成枣泥馅。

（3）和面　将发面加入适量的白糖和碱，揉匀搓成条，下剂子，按扁，包入枣泥馅做成馒头形状，适当醒发，上屉蒸熟即可。

（二）方法二

1. 原料配方

面粉 1000g、白糖 200g、发酵粉 30g、酵母 5g、枣泥馅 600g。

2. 操作要点

（1）和面　将面粉倒入盆内，加入酵母、发酵粉、白糖调匀，加水 250g，调制成快速发酵面团。用揉面机反复揉轧至光滑滋润。

（2）整形　将和好的面团卷成长条下剂，将剂按扁，包入枣泥馅，成鸭蛋圆形，压扁成鸭嘴状。用刀切出拇指和无名指，中间部分用顶刀切成梳子刀形（似透非透）。将中间部分向下窝起来，成佛手状。

（3）醒发、蒸制　将整形好的包子生坯排放在托盘上，在醒发室醒发 30min 左右。进蒸锅蒸熟即可。

四、五仁包

1. 原料配方

面粉 1000g、白糖 500g、猪板油 150g、核桃仁 50g、花生仁 50g、青梅 50g、熟面粉 50g、芝麻 25g、松子仁 25g、瓜子仁 25g、老酵面 100g、碱适量。

2. 操作要点

（1）原料预处理　首先将芝麻炒熟，核桃仁压碎，青梅切成小方丁，花生仁切碎，猪油撕去脂皮，切成方丁。然后和松子仁、瓜子仁混合放在一个盆内，再把白糖、熟面粉放入拌馅机容器内搅拌均匀。装入小口坛内，用毛头纸封严盖好，放在凉处，1周后即可成为香味浓厚、气味芬芳的甜馅。如急用，搓拌好即可使用，但味道稍差一些。

（2）和面　将面粉倒入盆内，加老酵面和500g左右水，和成面团，进行发酵。待面发起时，加适量的碱揉匀。搓成条，揪成50g的剂子。揉光按扁，将五仁馅包入，捏好口，做成馒头形状。适当醒发，上屉蒸熟即成。

五、八宝包

1. 原料配方

面粉1000g、面肥370g、白糖370g、熟面粉250g、核桃仁125g、糖马蹄125g、葡萄干60g、糖青梅60g、冬瓜条60g、橘饼60g、红枣60g、果味香精15g、碱12g。

2. 操作要点

（1）和面　用温水将面肥弄开，放入面粉，兑入200g水，和成面团，置暖和处，使之发酵。

（2）原料预处理　用温水将核桃仁闷一下，去皮，剁成碎米粒大小；将糖青梅、红枣胀发，洗净，切成细丝；糖马蹄切成小丁；冬瓜条、橘饼剁成米粒状；葡萄干用温水稍微浸泡一下，待松软后一破为二。然后将以上原料放在一起，加入白糖、熟面粉、果味香精，拌匀成八宝馅。

（3）整形　待面团发酵后兑入适量碱，揉匀，搓成长条，揪成20个面剂，按成周围薄、中间厚的圆皮，包入25g八宝馅，将口捏紧，以免漏掉糖，然后剂口向下上笼屉蒸熟。下屉后，在馒头顶端印一个红色的八角形花纹即成。

六、芝麻包

1. 原料配方

面粉1000g、老肥300g、白糖150g、芝麻150g、熟面粉50g、

果酱 50g、青红丝少许、碱适量。

2. 操作要点

（1）拌馅　将白糖、果酱倒入盆内拌匀，加入芝麻、熟面粉，轻搓成馅。

（2）和面　将面粉倒在案板上，加入老肥及温水 480g，和成面团发酵。

（3）整形　将发好的酵面加入适量碱水，揉匀，搓成 3cm 粗细的长条。按 50g 揪剂，稍撒干面粉，将剂按成中间稍厚、边缘稍薄的锅底形圆皮。然后左手托皮，右手打馅，捏成月牙形，在剂口处锁上花边，再将两角捏合在一起，呈半圆形，并在顶部沾少许青红丝。

（4）蒸制　将整形好的生坯摆放到屉内，用旺火蒸制 20min 即可。

七、松果麻蓉包

1. 原料配方

特一粉 1000g、老酵面 150g、绵白糖 300g、猪板油 150g、芝麻 150g，熟面粉、可可粉适量，蜜桂花、食用碱各少许。

2. 操作要点

（1）拌馅　将芝麻挑出杂质洗净沥干，放入炒锅内用微火不停地翻炒，直炒至芝麻胀起，喷发香味，发出劈啪声，用手一捻就碎，起锅倒在案板上，用擀面杖压碎成屑。猪板油撕去膜绞碎盛盘，加入绵白糖、芝麻屑、熟面粉与蜜桂花一起拌匀，擦透（馅要捏得拢，不粘手），制成麻蓉馅。

（2）和面　将特一粉放于案板上。将老酵面放入盆中，用温水调稀，倒入特一粉中，拌和均匀，保温发酵。

（3）整形、醒发　将面团发好后兑碱揉匀，搓成圆条，揪成 25g 的面剂，每个包入麻蓉馅收口包拢，捏成"松果"形，整齐排放于蒸屉上，醒发 10min 左右。

（4）蒸制　将松果包醒好后，用旺火蒸 10min 取出。逐个趁热撕去包子表皮，表面（由上而下）剪出数层松果瓣，可可粉加入少许白糖用水调匀，用刷子涂在松果瓣上，上笼蒸 2min 即成。

八、五彩果料包

1. 原料配方

面粉1000g、老肥300g、白糖200g、橘饼20g、玫瑰酱20g、芝麻60g、冬瓜条200g、果脯180g、青梅50g、青红丝少许、碱适量、温水480g。

2. 操作要点

（1）和面 将面粉倒在案板上，加入老肥和温水，搅拌均匀，调制成发酵面团。等酵面发起后，再加入碱水，压揉均匀，稍微饧发。

（2）拌馅 将白糖擀碎，橘饼切成小丁，加少许面粉和青红丝，再放入玫瑰酱、芝麻，搓拌成馅。

（3）整形 将面团搓成2cm粗细的长条，按量揪剂，将剂按成中间稍厚、边缘稍薄的圆皮，然后左手托皮，右手打馅，再收紧口呈馒头状即成。

（4）制装饰料 将冬瓜条、青红丝切成末，青梅、果脯切成小丁，加芝麻拌匀成装饰料。将包好的馒头生坯蘸少许水，滚上冬瓜条、青红丝等装饰料（底部不沾）。

（5）蒸制 将装饰好的生坯摆入屉内，用旺火蒸制20min左右，蒸熟即可。

九、酸菜包

1. 原料配方

（1）皮料 中筋面粉1000g、温水450g、泡打粉20g。

（2）馅料 猪五花肉800g、酸菜800g、葱末150g、猪油100g、香油30g、酱油30g、精盐6g、味精6g、排骨精6g、五香粉2g。

2. 操作要点

（1）原料处理 把酸菜、猪五花肉分别剁成细小粉末，酸菜末挤净水分。

（2）面团调制 中筋面粉内加入泡打粉拌匀，加温水和成面团，醒发10min。

（3）馅料调制 猪肉粉末内加入配方内其他调味料搅拌均匀，

再放入酸菜末拌匀成馅。

(4) 包馅　面团揉匀搓成长条，揪成 30 个大小均匀的剂子按扁，擀成中间略厚、四周略薄的圆皮，抹上馅，用手捏成包子形，收口呈金鱼嘴状。

(5) 蒸制　把生坯摆在预热的笼屉内，旺火蒸 20min 至熟取出即成。

十、三鲜包

1. 原料配方

(1) 皮料　中筋面粉 1000g、温水 450g、泡打粉 20g。

(2) 馅料　鱼肉 400g、羊肉 400g、姜末 100g、葱末 100g、鲜汤 100g、豆油 50g、猪油 50g、鸡肉 40g、料酒 40g、酱油 20g、排骨精 6g、精盐 6g、味精 4g、胡椒粉 2g。

2. 操作要点

(1) 原料处理　鸡肉切成米粒状，鱼肉、羊肉均剁碎。

(2) 面团调制、醒发　在中筋面粉内加泡打粉搅拌均匀，加入用温水和成软面团，醒发 10min。

(3) 馅料调制　将鸡肉、鱼肉、羊肉放在一起，加入全部调味料调匀成馅。

(4) 包馅　面团搓成长条，分揪成 30 个大小均匀的剂子按扁，擀成中间稍厚、四周薄的圆皮，抹上馅，提褶捏成包子生坯。

(5) 蒸制　把生坯摆在预热的笼屉内，旺火蒸 15min 至熟取出即成。

十一、猪肉小笼包

1. 原料配方

(1) 皮料　面粉 1000g、温水 480g、干酵母 15g。

(2) 馅料　五花肉 1000g、食盐 15g、味精 6g、花椒 2g、香油 25g、热水 200g、小葱 50g、白糖 25g、胡椒粉 6g、料酒 10g、酱油 12g、生姜 15g。

2. 操作要点

(1) 原料预处理　花椒用热水浸泡 10min，五花肉洗净剁成肉馅，生姜、小葱切末。

（2）面团调制、醒发　干酵母用少许水化开，倒入面粉中搅拌均匀，再分次加入剩下的水揉搓均匀，盖湿布醒发至面团原体积2倍大。把发酵好的面团揉搓至面团内无气体备用。

（3）馅料调制　将肉馅中加入食盐、白糖、味精、料酒、胡椒粉、香油和酱油，搅拌均匀，再分多次加入晾凉的花椒水搅打上劲，直到花椒水被完全吸入肉馅中，再加入葱姜末拌匀，放入冰箱中冷藏1h。肉馅中放入花椒水可以去腥提鲜，还可以保持肉馅的滑嫩口感。

（4）包馅　把揉匀的面团搓成长条，分割成每个重约25g的剂子，按扁后擀成中间厚、边缘薄的包子皮。包子皮中放进馅料，用手捏成包子形，收口呈金鱼嘴状。

（5）醒发　将包好的包子生坯盖上湿布醒发20min，发酵好的面团要完全排气，蒸出的包子成品表面才光洁美观。

（6）蒸制　醒发后入凉水锅中旺火烧开转文火蒸10min，包子蒸好关火3min以后再开盖，包子就不会塌陷，成品更美观。

十二、油丁沙包

1. 原料配方
面粉1000g、澄沙馅500g、老酵面200g、猪油100g、桂花酱50g、碱适量。

2. 操作要点
（1）和面　将老酵面放入盆内，加水500g抓开，倒入面粉和成面团发酵。

（2）拌馅　把猪油切成小方丁，和桂花酱一起放入澄沙馅内，搅拌均匀备用。

（3）和面　待面发起时，加入适量的碱揉匀，搓成条，揪成25g一个的剂子，揉圆按扁，包入油丁澄沙馅，包成鸭蛋圆形，逐个包好摆屉上，蒸熟即成。

十三、水晶包

1. 原料配方
面粉1000g、水400g、白糖300g、老酵面100g、猪板油60g、青红丝少许、碱适量。

2. 操作要点

（1）拌馅　将猪板油脂皮去掉，切成 6mm 厚的片，撒上白糖拌匀，再切成小方丁。青红丝切细，混合在一起，搓拌均匀，制成水晶馅备用。

（2）和面　将面粉倒入盆内，加入老酵面，放 1kg 左右的水和成面团，进行发酵。待发起后，加适量的碱水揉匀，搓成条，揪成 25g 的剂子。揉光按扁，包入水晶馅，收好口，做成馒头形状。收口朝下，摆放在屉上蒸熟。取出后，注意不要粘皮。逐个打一小红点即可。

十四、玫瑰花包

1. 原料配方

面粉 1000g、白糖 1000g、猪板油 150g、熟面粉 100g、老酵面 100g、鲜玫瑰花 25g、水 500g、碱适量。

2. 操作要点

（1）拌馅　将鲜玫瑰花摘洗净，沥净水；猪油切小方丁；白糖擀碎放在案板上。将玫瑰花、猪油丁、熟面粉和糖混合放在一起，用手在案板上搓拌均匀。然后放入坛内，将口封严，放凉处，1 周后即成香味浓厚的玫瑰馅。如急用搓拌好即可使用，但效果稍差。

（2）和面　将面粉倒入盆内，加老酵面和 500g 左右的水，和成面团，进行发酵。待发起后加适量的碱揉匀，搓成条，揪成 25g 的剂子，揉光按扁，包入玫瑰馅，收口要严，防止漏馅。做成馒头形状，收口朝下，静置 5～6min，上屉蒸熟取出即成。

十五、牛肉萝卜包

1. 原料配方

（1）皮料　面粉 1000g、温水 480g、泡打粉 20g。

（2）馅料　萝卜 600g、牛肉 500g、鸡汤 100g、猪油 40g、葱末 30g、料酒 20g、姜末 20g、香油 15g、酱油 12g、食盐 10g、十三香 4g、味精 4g。

2. 操作要点

（1）原料处理　萝卜洗净擦成细丝，用食盐 3g 稍腌，挤去水分，剁成末备用。牛肉剁成糜。

（2）面团调制、醒发　在面粉中放入泡打粉拌匀，用温水和成面团，醒发 10min。

（3）馅料调制　牛肉糜中分次加入料酒、酱油、鸡汤、余下的精盐、味精、十三香、葱末、姜末、猪油、香油搅拌均匀，放进萝卜末拌匀成馅。

（4）包馅　面团揉匀搓成长条，揪成大小均匀的剂子按扁，擀成中间稍厚的圆皮，包入馅料，用手捏成包子形，收口呈金鱼嘴状。

（5）蒸制　生坯摆入预热的蒸锅内，旺火蒸 15min 至熟取出即成。

十六、荞面灌汤包

1. 原料配方

（1）皮料　荞麦面 1000g、清水 480g。

（2）馅料　五花肉 700g、浓鸡汤 700g、酱油 100g、葱末 100g、面酱 30g、香油 25g、姜末 20g、味精 4g、十三香 2g。

2. 操作要点

（1）面团调制醒发　把部分荞麦面放入容器内，加开水和成烫面，再加温水和剩下的荞麦面和成面团，揉匀醒发。

（2）馅料调制　五花肉洗净剁成肉馅，然后在肉馅中放入酱油、面酱、味精、姜末、十三香拌匀，再分次加入浓鸡汤顺一个方向搅拌上劲，至肉馅成稀糊状。浓鸡汤一定要分多次加入肉馅内，充分搅拌上劲，与肉末融合。再放入葱末、香油搅匀，放进冰箱中冷藏 1h，可以使馅料更加黏稠，有利于包制。

（3）包馅　面团搓成长条，揪成 40 个大小均匀的剂子，按扁后擀成中间厚、边缘薄的包子皮。包子皮中放进馅料，用手捏成包子形，收口呈金鱼嘴状。收口不要捏死，留一小口，以防馅汤过多，在蒸制过程中包子胀裂。

（4）蒸制　把生坯摆在预热的笼屉内，旺火蒸 10～15min 即成。

十七、混汤包

1. 原料配方

（1）皮料　中筋面粉 1000g、热水 480g。

（2）馅料　鸡清汤 2000g、羊肉 700g、葱头 250g、香油 100g、香菜 60g、姜末 50g、料酒 40g、酱油 40g、排骨精 15g、精盐 15g、味精 8g。

2. 操作要点

（1）原料处理　羊肉洗净，剁成肉糜；葱头剥去老皮，切成碎末；香菜择洗干净，切成 1.5cm 长的段。

（2）面团调制　中筋面粉放入容器内，用开水烫透和成面团。

（3）馅料调制　羊肉馅放进容器内，加入料酒、酱油、姜末、葱头末及精盐 10g、味精 5g、香油 50g、鸡清汤 120g 搅匀成馅。

（4）包馅　面团揉匀搓成长条，揪成大小均匀的剂子按扁，擀成中间稍厚的圆皮，包入馅料，用手捏成包子形，收口呈金鱼嘴状。

（5）蒸制　生坯摆入预热的蒸锅内，旺火蒸 15min 至熟取出。

（6）淋汤　蒸包放入碗内，撒入香菜段。锅内加入余下的鸡清汤、精盐、味精及排骨精烧至滚沸，倒入盛有包子的碗内，淋入余下的香油即成。

十八、天津包子

1. 原料配方

（1）皮料　面粉 1000g、老面 150g、温水 450g、食用碱 6g。

（2）馅料　猪肉糜 800g、味精 6g、香油 100g、葱末 30g、猪骨汤 500g、酱油 15g、姜末 30g。

2. 操作要点

（1）面团调制、醒发　把面粉放进容器内，加入用适量温水溶开的老面和成面团，盖湿布醒发至面团原体积 2 倍大。

（2）加碱、发酵　把食用碱用少量水化开，揉入发酵的面团内，揉匀后再醒 10min。

（3）馅料调制　猪肉馅分次搅入酱油和猪骨汤，再放入味精、葱末、姜末、香油搅匀成馅。

（4）包馅　面团搓成长条，揪成 40 个大小均匀的剂子，面剂沾上面粉，滚圆按扁，擀成中间略厚、周边稍薄的包子皮，抹上馅，收口捏 17 个左右的褶子即可。

（5）蒸制　把生坯摆在预热的笼屉内，旺火蒸 15min 即成。

十九、糖三角

1. 原料配方

特二粉 10kg、即发干酵母 18.5g、白糖或红糖 1.5kg、碱适量、水 4.5kg。

2. 操作要点

（1）和面发酵　将特二粉 8.5kg 在和面机内与即发干酵母拌匀，加水，搅拌 3～5min，进发酵室发酵 50～70min，至面团完全发起。

（2）调馅　取面粉 0.75kg 加于糖中搅拌均匀，防止高温下糖熔化流出。

（3）成形　发好的面团加碱水和 0.75kg 面粉，搅拌 8～10min，至面筋扩展。取 2kg 左右的面团揉轧 10 遍左右，至面片光滑。面片在案板上卷成条，揪成 70～80g 的面剂。将面剂按扁，擀成圆片，包入糖馅，用双手捏成三角形包子。

（4）醒发、汽蒸　将糖包坯排放于托盘上，上架车入醒发室醒发 40～60min。推入蒸柜于 0.03MPa 压力下蒸制 23～25min。冷却包装。

第五节　蒸韧糕类

一、八宝年糕

1. 原料配方

糯米 10kg，白糖 200g，芝麻 200g，青梅 200g，葡萄干 200g，桃脯 200g，冬瓜条 200g，白莲 200g。

2. 操作要点

（1）预处理　先将糯米淘洗干净，水浸 24h 后上屉蒸烂，取出用和面机搅烂摊凉备用。

（2）制馅　把白糖、芝麻、青梅、葡萄干、桃脯、冬瓜条、白莲搅拌做成馅。

（3）整形　在方盘内刷一层猪油，铺上搅烂的 1cm 厚的糯米饭，每铺一层放入适量的馅，共铺三层。

（4）蒸制　上锅蒸熟后，用刀切成小块即可。

二、百果年糕

1. 原料配方

（1）面糊配料　白糖 30kg、鸡蛋 31kg、特制粉 27kg。

（2）馅料　白糖 12kg、饴糖 2kg、青梅 8kg、葡萄干 4kg、冬瓜条 4kg、瓜仁 2kg。

（3）辅料　擦盘用油 2kg。

2. 操作要点

（1）馅料调制　将白糖、饴糖、青梅、葡萄干、冬瓜条、瓜仁等馅料在搅拌机内混合均匀，制成馅料，备用。

（2）打蛋　将鸡蛋打碎后放入打蛋机内，加糖搅打。待蛋液呈乳白色，液面有蓬松泡沫，体积增大为止。

（3）面糊调制　将面粉缓缓投入打蛋机内，将机器改为慢挡搅拌均匀。

（4）成形　在铁盘内刷上一层食用油，然后用勺子浇糊，薄厚要一致。

（5）蒸制　在一铁盘内刷油，然后用勺子浇糊，薄厚要一致。浇糊后，将铁盘上蒸箱蒸制至熟出屉。

（6）加馅　蒸箱蒸熟出屉后，用事先调好的糖浆、青梅、葡萄干等稍加混合，抹在底部糕面上，再盖上同样的糕坯，然后切成长方形块，即可包装（亦可在两层蛋糕间涂抹果酱等）。

三、八珍糕

1. 原料配方

炒糯米粉 10kg、绵白糖 10.5kg、炒山药 0.666kg、炒莲子肉 0.666kg、炒芡实 0.666kg、茯苓 0.666kg、炒扁豆 0.666kg、薏米仁 0.666kg、砂仁 80g、食用油适量。

2. 操作要点

（1）中药材原料处理　炒山药，用无边铁锅以文火炒至淡黄色。炒莲子肉，用开水浸透，切开去心，晒干，用文火炒至深红色。炒芡实，除去杂质，用文火炒至淡黄色。炒扁豆，除去霉烂、嫩、瘪粒及杂质，用文火炒至有爆裂声，表面呈焦黄色。砂仁、茯苓，除去杂质。薏米仁，淘净，除去杂质，晒干。

（2）湿糖　提前1天将绵白糖和适量的水搅溶，成糖浆状，再加入油，制成湿糖。

（3）擦粉　先将炒糯米粉（糕粉）同碾成细粉的中药材原料混合，然后按量和湿糖拌和后倒入擦糕机擦匀，去筛（糕粉需陈粉，如是现磨粉则需用含水量高的食物拌和，存放数天，使粉粒均匀吸水后方可用）。

（4）成形　坯料拌成，随即入模。将坯料填平，均匀有序地压实，用标尺在锡盘内切成五条。

（5）炖糕　将锡盘放入蒸汽灶内蒸制，经 3～5min 即可取出。将糕模取出倒置于案板上分清底面，竖起堆码，然后进行复蒸。

（6）切糕　隔天将糕坯入切糕机按规格要求进行切片。

四、四色片糕

该制品有玫瑰、杏仁、松花、苔菜四色四味，其特点四色分明、色彩鲜艳、四种滋味、食用可口、工艺独特、别具一格。

1. 原料配方

炒糯米粉 10kg、绵白糖 12.5kg、植物油 0.75kg、杏仁粉 1.25kg、干玫瑰花 125g、松花粉 625g、苔菜粉 500g 或黑芝麻屑 2.5kg、精盐 100g。

2. 操作要点

（1）潮糖制作　将绵白糖或白砂糖加 5% 左右水分和适量的无杂味植物油或动物油，进行充分的搅拌，使糖、油、水均匀混合，放在容器内静置若干天，使部分糖分子因吸水而溶解，即成潮糖。

（2）炒糯米粉面团调制　将吸湿后的炒糯米粉与潮糖拌匀，用擀杖碾擀二遍，刮刀铲松堆积，再用双手手掌用力按擦两遍，要求擦得细腻柔绵，用粗筛筛出糕料，或用机械擦粉、过筛。

（3）成形　先在铝合金制成的模具烫炉里放入约 1/5 的糕料，并铺于模具底部，再取 3/5 的糕料事先与该制品需要的原料（如杏仁粉、松花粉、苔菜粉、玫瑰花等）擦和，放入烫炉内铺平按实，最后将五分之一的糕料放入烫炉铺平，用力撤实，要求表面平整，厚薄均匀，再用力在糕料上按需要大小切开。

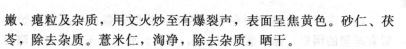

第六章
蒸制品类中式糕点

（4）蒸糕　水温控制在 80℃左右，将已开条的糕坯连烫炉放置有蒸架的锅里，隔水蒸 3～5min，待面、底均呈玉色，刀缝隙处稍有裂缝时，表示蒸糕成熟。蒸糕的目的是使糕坯接触蒸汽受热膨胀，因此不需要用过大的蒸汽。

（5）回汽　将蒸过的糕坯磕出，有间距地侧放在回汽板上，略加冷却，再将糕条连糕板放入锅内加盖回汽。回汽的作用是使糕坯底部以外的另外几个面接触蒸汽，吸收水分，促使糕体表面光洁。回汽时掌握表面都呈玉色，糕坯表面手感柔滑不毛糙，中心部位带软黏。

（6）冷却　将回过汽的糕坯，正面拍上一层洁白的淀粉，侧立排入糕箱内，最上面一层应比糕箱上沿低几厘米，铺上蒸熟小麦粉，使糕坯与外界空气基本隔绝，放置一昼夜后，让其缓慢冷却。用这种冷却方法，既能达到冷却目的，又能使糕坯软润均匀。

（7）切片　将充分冷却后糕坯用切糕机或手工切成均匀的薄片，切片深度为 100%，但糕片间不脱离。

（8）烘烤　将切好的糕片，摊排在烤盘内进行烘烤，在 230℃炉温烘烤 5min 左右，待糕片有微黄色时即可出炉。出炉后趁热按原摊的排放次序进行收糕，并排列整齐。

（9）包装冷却　收糕后接着趁热包装，包后再进行冷却，然后装入密封盒箱内。

五、荸荠糕

1. 原料配方

荸荠粉 10kg、白砂糖 20kg、冰糖 2kg、花生油 400g、食盐适量、水适量。

2. 操作要点

（1）荸荠粉浆制备　将荸荠粉放在盆里，加少量清水，搅拌均匀，然后再次加入清水适量，拌成粉浆，用纱布过滤后，放在盆内，备用。

（2）糊浆制备　将白砂糖、冰糖加清水适量，搅拌煮至溶解，用纱布过滤，再次煮沸，然后冲入粉浆中；在冲入过程中要不断搅拌，冲完后仍要搅拌一会儿，使它均匀而且有韧性，成半生半熟的糊浆。蒸荸荠糕的关键在于烫生浆粉的水温，大约在 80℃最佳。

如果生浆倒入后马上结成透明疙瘩状，说明水温过高，烫得过熟。如果还是白色糊状，说明水温过低，烫得太生。半生浆呈半透明糊状为最佳。

（3）成形　在方盘上轻抹一层油，并将糊浆缓慢倒入其中。

（4）蒸制　将方盘放到蒸笼用中火蒸 20min 即成。

（5）冷却、分块　待糕冷却后，切成块，即可食用。

六、高粱糕

1. 原料配方

黏高粱面 1000g、红小豆 1000g、白糖 800g。

2. 操作要点

（1）蒸锅内放入清水，用旺火烧开，笼屉中铺上干净屉布，置于锅上。

（2）红小豆选好洗干净，撒入屉内，抹平，上面撒一层黏高粱面，抹平，用旺火蒸熟。

（3）揭开蒸笼盖，先撒入一层红小豆，再撒入一层黏高粱面，仍用旺火蒸锅。如此，用完所有红小豆和面料，最上一层为红小豆，用旺火蒸熟，熟后离火，倒在案板上，用刀切成片状，卷上白糖装盘即成。

七、紫米糕

1. 原料配方

紫米 1000g，糯米 660g，熟莲子 500g，青梅 100g，山楂糕 100g，瓜仁 50g，桂花酱 30g，白糖 330g，熟植物油 160g。

2. 操作要点

（1）将紫米、糯米淘洗干净，分别泡 30min。锅置火上，放入清水烧沸，下入紫米煮到稍软后，再下入糯米同煮 5min，捞在屉布上，入蒸锅蒸 30min，取出拌入白糖、熟植物油，再回锅蒸 20min 备用。

（2）将熟莲子、山楂糕、青梅均切成小丁。紫米和糯米蒸熟后，下屉用湿布揉匀，加入桂花酱再揉透，即成米糕。

（3）将揉好的米糕放入抹过油的盘中，上面撒上青梅、山楂糕、莲子丁及瓜仁，用物压实放入冰箱，吃时取出切成小块即成。

八、红果丝糕

1. 原料配方

小米面1000g、山楂600g、白糖400g、酵面100g、食碱适量。

2. 操作要点

(1) 制发酵面团　将酵面放盆内用温水化开,把小米面倒入,揉和成面团发酵。

(2) 山楂预处理　把红果洗干净,用刀切开,把果核取出,放锅内用水煮烂,将白糖倒入同红果一起搅拌均匀,制成红果酱。

(3) 混合　将发酵好的小米面加入适量的食碱揉匀,稍微饧一会。饧好后将面团分成两份。

(4) 蒸制　笼屉内铺上湿屉布,将一份面团铺在屉上抹平。把制好的红果酱放到面上铺平抹匀。再把另一份面团铺到红果酱上。用旺火沸水蒸约1h即熟。

(5) 整形　蒸熟的红果丝糕倒在案板上,用刀切成菱形小块,包装后上市销售。

九、绿豆糕

绿豆糕按口味有南、北之分,北即为京式,制作时不加任何油脂,入口虽松软,但无油润感,又称"干豆糕";南包括苏式和扬式,制作时需添放油脂,口感松软、细腻。

(一) 方法一

1. 原料配方

绿豆粉1000g、绵白糖或白糖粉850g、糖桂花18g。

2. 操作要点

(1) 拌粉　将糖粉放到和面机里,倒入少许水稀释后的糖桂花进行搅拌,然后再加入绿豆粉,搅拌均匀,倒出过80目筛子,就成为糕粉(松散但能捏成团为好)。

(2) 成形　在蒸屉上铺好纸,将糕粉平铺在抽屉里,用平板推平表面,约1cm厚;再筛上一层糕粉,然用用纸盖好糕粉,用滚筒压平糕粉;然后去除抽屉边上的浮粉,用刀切成4cm×4cm的正方块。

（3）蒸制　将装好糕粉的蒸屉四角垫起，放入蒸锅内封严；把水烧开，蒸 15min 后取出，在每小块制品顶面中间，用适当稀释溶化的食用红色素液打一点红。

（4）晾凉　然后将每屉分别平扣在案板上，冷却后就为成品。

（二）方法二

1. 原料配方

绿豆粉 13kg，白糖粉 13kg，炒糯米粉 2kg，面粉 1kg，菜油 6kg，猪油 2kg，食用黄色素适量。

2. 操作要点

（1）顶粉　绿豆粉 3kg、面粉、白糖粉 3.2kg、猪油 2kg、食用黄色素加适量凉开水和成湿粉状。

（2）底粉　绿豆粉 10kg、炒糯米粉、白糖粉 9.8kg、菜油，加适量凉开水和成湿粉状。

（3）把筛好的面粉撒在印模里，再把顶粉和底粉按基本比例分别倒入印模里，用劲压紧刮平，倒入蒸屉，蒸熟即可。

十、云片糕

1. 原料配方

糯米 10kg、白糖 12kg、猪油 0.75kg、饴糖 0.5kg、蜂蜜桂花糖 0.5kg、花生油、盐各适量。

2. 操作要点

（1）炒制　除杂后的糯米先用 35℃ 的温水洗干净，使糯米适当吸收水分，再用 50℃ 的水洗。放在大竹箕内堆垛 1h，然后摊开，经约 8h 后，将米晾干。用筛子筛去碎米。以 1kg 米用 4kg 粗沙炒熟。炒时加入少量花生油，不应有生硬米心和变色、焦煳的米粒，最后过筛，炒好的糯米呈圆形，不能开花。

（2）润糖　需提前进行，一般在前一天将糖、油、水拌和均匀，放入缸中，使其互相浸透，一般糖与水的比例为 100∶15。应将沸水浇在糖上，搅拌均匀。

（3）搓糕　将糕粉倒在案板上，中间做成凹形，然后加入糖浆，用双手充分搓揉。搓糕时动作要迅速，若搓慢了会使糕粉局部因吃透湿糖中的水分而发生膨胀，导致糕的松软度不一。如有搅拌机，可在机器内充分混合，将糕粉盖上湿布，静置一段时间，使糕粉变得柔软。

（4）打糕　先用蜂蜜桂花糖拌上少量糕粉打成芯子，再在四周捞入其他余料打成糕。用木方子打紧后，放入铝模或不锈钢盘内铺平，用压糕机压平。

（5）炖糕　将压好的糕坯切成四条，再用铜镜将表面压平，连同糕模放入热水锅内炖制。当水温 50～60℃ 时，炖制 5～6min 取出；水温在 80～90℃ 时，炖制为 1.5～2min。炖糕的作用是使糕粉中的淀粉糊化，与糖分粘连形成糕坯。炖糕时，要求掌握好时间和水温，若温度高，炖糕时间过长，糕坯中糖分熔化过度，会使产品过于板结，反之，使产品太松。糕粉遇热气而黏性增强，糕坯成形后即可出锅，倒置于台板上，然后糕底与糕底并合，紧贴模底的为面，另一面为底。将糕坯竖起堆码，一般待当天生产的所有糕坯全部炖完后，集中进行复蒸。

（6）蒸制　把定型的糕坯相隔一定距离竖在蒸格上，加盖蒸制，使蒸汽渗入内部，使粉粒糊化和黏结。蒸格离水面不要太近，以防水溅于糕坯上。水微开，约 15min 即可。

（7）切片、包装　复蒸后，撒少许熟干面，趁热用铜镜把糕条上下及四边平整美化，即装入不透风的木箱内，用干净布盖严密，放置 24h，目的是为了使糕坯充分吸收水分，以保持质地柔润和防止污染霉变，隔日切片，随切随即包装。云片糕大小一般为 6cm×1.2cm，薄片厚度小于 1mm，一般 25cm 长的糕能切 280 片以上。包装后即成产品。

十一、水晶凉糕

1. 原料配方

糯米 1000g、冰糖 250g、蜜瓜条 75g、蜜樱桃 75g、红枣 75g、葡萄干 75g、熟猪油 75g。

2. 操作要点

（1）蒸糯米饭　把糯米淘洗干净后用清水浸泡 5～6h，等米粒吸水充分涨发后，沥干水分，倒入垫有纱布的蒸笼内，用旺火蒸熟，蒸制糯米饭时注意其成熟度，蒸制过程中要揭开笼盖向糯米中洒 2～3 次水，要保证米饭全熟。

（2）切配料　将蜜瓜条、蜜樱桃、葡萄干和红枣等分别切成小片待用。

（3）拌料　把糯米饭蒸熟后，趁热将切好的原料倒进糯米中搅拌均匀，再装入事先刷好猪油的木盒内，米饭装木盒时一定要用工具将其压紧、压平、压实。然后放进冰箱内进行冷冻。

（4）熬糖液　将清水加热到沸腾后，再加入适量的冰糖，用中小火慢慢熬制，熬至锅铲插入糖汁内，熬制糖浆应控制好其浓稠度，且要冷却后才能淋到糕坯上。提起"滴珠"时，即可盛入碗内置于冰箱内冷却。

（5）切糕　将冻好的糕坯取出用刀切成方形薄片，切片时刀口抹少许油脂，以防粘刀。整齐地装入盘内，最后淋上冻好的冰糖汁即可上席。

十二、黏高粱米豆沙糕

1. 原料配方

黏高粱米 1000g，豆沙馅 500g，白糖适量。

2. 操作要点

（1）蒸制　将黏高粱米洗净，加适量水，上笼蒸熟。

（2）整形　取 2 个瓷盘，取一半黏高粱米饭放入盘内铺平，用手压成 2～3cm 的片状，剩下的黏高粱米饭放另一盘内压好。

（3）切分　把压好的黏高粱米饭扣在案板上，用刀抹一下，再铺抹上厚薄均匀的豆沙馅，然后将另一半黏高粱米饭扣在豆沙馅上，再用刀抹平，吃时用刀切成菱形块，放入盘内，撒上白糖即成。

十三、蒸锅垒

1. 原料配方

玉米面 1000g，面粉 400g，苹果 2000g，白糖 400g，山楂糕条 200g，玫瑰丝、什锦果脯各适量。

2. 操作要点

（1）将苹果洗净，削去果皮，擦成苹果丝。把苹果丝放入盆内，加入玉米面、面粉，搅拌均匀。

(2) 将笼屉内铺上屉布，把苹果丝面倒在屉布上铺平。把玫瑰丝、山楂糕条、什锦果撒在上面。上沸水锅蒸 35min 即熟。

(3) 将蒸熟的玉米、苹果锅垒放入盘内，把白糖撒在上面即成。

3. 注意事项

玉米面、面粉、苹果丝放入盆内，搅拌均匀，以达到捏成团后还能散开的程度为宜。用料比例，苹果丝应比玉米面、面粉略微多一些。

十四、三色菊花盏

1. 原料配方

面粉 1000g、玉米面 430g、牛奶 710g、奶油 170g、豆沙馅 1400g、白糖 700g、白醋 70g、泡打粉 60g，樱桃、香草粉、食用红黄色素各少许。

2. 操作要点

(1) 将面粉和玉米面、泡打粉、香草粉放在案上拌匀，中间扒窝，加入白糖、牛奶拌匀和起，用手掌来回揉，揉的时间越长越好，揉时把奶油和白醋分次揉入面团，如硬时可加少许温水和成软面团。

(2) 将面团分 3 份放入碗内，2 份分别调成淡红色和淡黄色（食用色素用水化开），再把三种色面团的一半同时放入一个铺纸抹油的菊花盏里，再将豆沙馅搓成小圆球，放入菊花盏中的面团上，再把三种色的面团依次放入盏里铺平，中心用手蘸清水轻轻按一下，准备蒸熟后放樱桃，上笼用旺火蒸 10min，出笼后把纸剥去，放上樱桃即成。

3. 注意事项

三色面团的数量要一致。红、黄食用色素不宜多放，以能刚上色为准。菊花盏用沸水、大火蒸熟。

十五、珍珠粑

1. 原料配方

糯米 1000g、白糖 370g、猪油 100g、蜜玫瑰 25g、蜜樱桃 25 粒、鸡蛋液 130g、淀粉 250g。

2. 操作要点

（1）调制面团　取 2/3 的糯米用沸水煮至九成熟起锅，煮糯米时煮至九成熟即可，不宜煮太长时间。沥干米汤置在盆内，趁热加入鸡蛋液（把握好鸡蛋和淀粉的用量，不宜过多或过少）、淀粉拌和均匀至米团有一定阻力，即成面团；余下的糯米提前浸泡 10h 左右，沥干水分，留作裹米。注意裹糯米必须用冷水浸泡涨发至吸水充分。

（2）制馅　将白糖与少许淀粉搅拌均匀，把蜜玫瑰用刀剁细后加入少许猪油搅拌均匀，再将两部分混合揉搓均匀即成馅心。

（3）包馅成形　先将手先沾上少许清水，取米面团一份，包上馅心一份，封口后搓圆，然后均匀地粘上一层"珍珠"（裹米），放在垫有湿纱布或刷油的笼内，并在每个生坯的顶部嵌上半颗蜜樱桃即成。

（4）蒸制　在旺火上蒸大约 10min，蒸到珍珠粑表面的裹米心发亮即可。

十六、凉糍粑

1. 原料配方

糯米 1000g、豆沙馅 500g、白芝麻 300g、白糖 200g、食用红色素少许。

2. 操作要点

（1）调制面团　把糯米淘洗干净后加入适量的清水（一般淹过米粒 0.5～0.8cm），上笼蒸制成较干的糯米饭，倒出趁热揪细即成米团。蒸制糯米饭时，掌握好水量，水不宜过多或过少。

（2）炒芝麻　把白芝麻入锅用小火炒至成熟、色泽金黄，再将其擀成颗粒较粗的粉末待用，炒芝麻时要掌握好火候，不要将芝麻炒焦了。白糖用擀面杖擀细，再加入少许食用红色素调成粉红的糖粉即为胭脂糖。

（3）整形　把芝麻分摊开铺在面案上，两手沾上少许色拉油，把米团放于芝麻粉上，然后将其压成厚约 1cm 的面皮，并将豆沙馅均匀地夹在 1/2 的米面皮上，堆叠后将其压成厚为 1cm 左右，最后用刀将其切成各种形状即可（一般切成菱形块）。整形时手要沾少许油脂，以免粘手，并注意米团的厚薄度。

（4）装盘上席　把切好的糍粑块装在盘中，撒上胭脂糖即可。

第六节　蒸蛋糕类

一、百果蛋糕

1. 原料配方

鸡蛋 1000g、糖 960g、特制粉 870g、擦盘用油 60g、青梅 130g、饴糖 30g、瓜条 60g、葡萄干 60g、瓜子仁 30g。

2. 操作要点

（1）调糊　将蛋液倒入打蛋机容器内，加糖高速搅拌，搅拌 10～15min，待蛋液呈乳白色，液面有膨松泡沫，体积增大，便可投入面粉搅拌。

（2）调粉　将面粉缓缓投入打蛋机容器内，将机器改为慢档低速搅拌，搅拌 2～5min，直至搅拌均匀。

（3）整形　在一铁盘内刷油，然后用勺子浇糊，薄厚要一致。

（4）蒸制　上蒸箱蒸制至熟出屉，再将饴糖、青梅、葡萄干、瓜子仁、瓜条稍加混合，抹在底部糕面上，再盖上同样的糕坯，然后切成长方形块，即可包装（亦可在两层蛋糕间涂抹果酱等）。

二、八宝枣糕

1. 原料配方

面粉 1000g、鲜鸡蛋 1000g、白糖 1000g、蜜枣 400g、生猪油 300g、核桃仁 400g、蜜瓜条 400g、蜜樱桃 300g、蜜玫瑰 120g、黑芝麻 100g、橘饼 120g。

2. 操作要点

（1）调糊　生猪油去掉皮，切成 0.4cm 见方的颗粒；蜜枣去核，与蜜瓜条、核桃仁、蜜樱桃、橘饼均切成 0.4cm 见方的颗粒。把鸡蛋打入盆内，加入白糖，用打蛋器顺一个方向用力搅动，直至蛋液起泡、呈乳白色，体积增大 2～3 倍，加入用筛子筛过的面粉，调和均匀。再加入生猪油、蜜枣、核桃仁、瓜条、蜜樱桃、橘饼、

中式糕点

生产工艺与配方

蜜玫瑰拌和均匀。

（2）蒸制　蒸笼内铺上一层纸，放上木框，把糕浆倒入木框内约 3cm 厚；刮平糕面均匀地撒上黑芝麻，用沸水蒸约 30min。

（3）冷却、切分　出笼后揭去纸，再用木板夹住枣糕（有芝麻的一面在上）。待晾凉后，切成 5cm 见方的块即成。

三、山楂云卷糕

1. 原料配方

鸡蛋 1000g、白糖 500g、面粉 500g、山楂糕 330g。

2. 操作要点

（1）原料预处理　首先把面粉上蒸屉进行干蒸，蒸熟后晾凉，再擀细过罗。然后将鸡蛋打入容器内，再倒进白糖用打蛋机高速搅拌，大约 10～18min，蛋液胀发到体积原来的 2 倍左右，颜色发白时，倒入干蒸熟的面粉进行低速搅拌，搅拌均匀即可。

（2）蒸制　将屉布浸湿铺好，放上一个木框把蛋液倒入木框内，上火蒸熟（中间要放一两次气），然后取出扣在案板上，将屉布揭去稍晾一晾。迅速把山楂糕切成薄片，均匀地排码在蛋糕上面，然后卷成蛋糕卷，要卷紧些，再用洁白布一块浸湿，将卷好的蛋卷紧紧地包裹起来。

（3）冷却、成品　蒸制好的蛋卷凉透后去掉湿布，切成斜刀片即为成品。

四、玉带糕

1. 原料配方

鸡蛋 1000g、白糖 1000g、熟面粉 700g、澄沙馅 800g、青梅 30g、葡萄干 20g、红丝、香油各适量。

2. 操作要点

（1）调糊　将鸡蛋磕开，把蛋清、蛋黄分别盛入两个碗内，先把白糖倒入蛋黄内，搅匀，再把蛋清抽打成泡沫也倒进蛋黄内，搅匀，最后倒入熟面粉，搅成蛋糊。

（2）蒸制　把木框放在屉内，铺上屉布，倒进二分之一蛋糊，用旺火蒸约 15min 取下，铺上用香油调好的澄沙馅，再倒进剩余的蛋糊，在糕的表面用青梅、葡萄干、红丝码成花卉形，再蒸约

20min，即熟，晾凉后切成宽 3cm、长 10cm 的条，码于盘内即可。

五、合面茄糕

1. 原料配方

热牛奶 1000g、鸡蛋 500g、玉米面 500g、黄豆粉 500g、番茄 500g、中筋面粉 250g、白糖 150g、泡打粉 25g。

2. 操作要点

（1）原料处理　番茄用开水略烫，撕去皮，切碎。

（2）面糊调制　将玉米面、黄豆粉、中筋面粉、泡打粉倒入打蛋机内搅拌拌匀，鸡蛋搅散，倒在面粉内，加热牛奶调匀，再加入碎番茄、白糖充分搅匀成糊状。

（3）蒸制　将面糊倒入容器内，放入蒸锅用旺火蒸 20min 即熟，取出切块装盘即成。

六、蒸制蛋糕

1. 原料配方

特二粉 1000g、鲜鸡蛋 1200g、白砂糖 1200g、饴糖 300g、熟猪油（涂刷模具用）50g、泡打粉适量。

2. 操作要点

（1）调糊　将鸡蛋、白砂糖、饴糖加入搅拌机内搅打 10min，待蛋液中均匀布满小乳白气泡，体积增大后加入特二粉、泡打粉搅匀即成。注意加面搅拌不可过度，防止形成面筋，而蛋糕难以发起。

（2）注模成形　先将熟猪油涂于各式模型内壁周围，按规定质量将蛋糕分别注入蒸模内。不可倒得过满，一般达 1/2 体积即可。

（3）蒸制　将加入蛋糕糊的蒸模，放进蒸箱的蒸架上，罩上蒸帽密封蒸制。开始蒸时蒸汽流量控制得小些，蒸 3～5min 后，趁表面没有结成皮层，将蒸模拍击一下，略微振动，使表面的小气泡去掉，然后适当加大蒸汽流量，再蒸一段时间，以熟透为准。蒸汽流量或炉灶火候要适当掌握，如果蒸汽流量太大或炉灶火候过旺，有可能出现制品不平整。

（4）冷却、脱模、装箱　出蒸箱（笼）后趁热脱模，装箱冷却，待冷透后，食品箱之间可重叠。

七、蒸蛋黄糕

1. 原料配方

鸡蛋 1000g、玉米面 1000、白糖 375g、豆油 100g、猪油 75g、泡打粉 20g。

2. 操作要点

(1) 原料处理　鸡蛋打入打蛋机的容器内,高速搅拌。

(2) 面糊调制　将鸡蛋液中加入玉米面、泡打粉、白糖、豆油充分搅匀成糊。

(3) 蒸制　方盒内抹上猪油,倒进面糊,放入蒸锅内,用旺火蒸 20min 以上至熟取出,蛋黄糕倒在案板上切成菱形块,摆入盘内即成。

八、三层糕

1. 原料配方

鸡蛋 1000g、白糖 1000g、熟面粉 900g、澄沙馅 500g、青梅、瓜子仁、葡萄干各适量,红色素少许。

2. 操作要点

(1) 调糊　将蛋清、蛋黄分别盛在两个盆内,先把白糖倒入蛋黄内搅匀,再把蛋清抽打成泡沫也倒入蛋黄内搅匀,最后倒入熟面粉,搅成蛋糊。

(2) 第一次蒸制　把木框放在屉上,铺上屉布,先把蛋糊倒入一半,上屉蒸制,蒸熟后取下。

(3) 整形　第一次蒸制完毕后铺上澄沙馅,把另一半蛋糊加红色素,倒在澄沙馅上,并撒上青梅、葡萄干、瓜子仁。

(4) 第二次蒸制　整形好后再次上屉蒸约 20min 即熟。

九、月亮糕

1. 原料配方

鸡蛋 1000g、白糖 1000g、面粉 700g、香菜叶 100g、青梅 100g,猪油、红色素、淀粉各适量。

2. 操作要点

(1) 预处理　将淀粉倒入碗内,加凉水适量调开,再磕开一个鸡蛋倒入，放少许红色素，搅成稀糊，把勺烧热，倒入稀糊晃动，呈圆形蛋皮待用。

（2）调糊　将蛋清、蛋黄分开放入不用容器中，先把白糖倒进蛋黄碗内搅匀，再把蛋清抽打成泡沫倒入蛋黄内搅匀，最后倒进面粉，搅成蛋糊。

（3）加调料　把小瓷碟放在屉内，稍刷一层猪油，把已拌好的蛋糊倒入小碟（倒入半碟），然后将香菜叶、青梅末在蛋糊上码成花卉状，再将红蛋皮用铁梅花模压成花卉，镶成花卉形状即可。

（4）蒸制　蒸锅上汽时，随即上锅蒸制，蒸汽不宜过大，以免走形，蒸约 25min 即熟。取下晾凉，用馅匙沿小碟底边转一周即可取下。

十、白蜂糕

（一）方法一

1. 原料配方

生大米粉 1000g、白糖 250g、大米饭（刚煮过的夹生饭）150g、面肥 100g、蜂蜜 150g、干红枣 100g、核桃仁 100g、瓜条 100g、苏打 15g。

2. 操作要点

（1）原料预处理　将干红枣洗净，用刀在枣身上划一长口，去掉枣核，逐个卷紧，再横切成薄片。把生核桃仁洗净，用 2L 水泡 8h，然后连水带核桃仁与大米饭一起放入石磨内，磨成细浆。

（2）和面、发酵　磨成细浆后，装入盆内，加入面肥搅匀，盖上盖儿，放置 6h 让其发酵。然后和生大米粉以 1∶1 的比例混合在一起制成肥面。最后，放入发酵箱内发酵，温度一般保持在15～20℃为宜，发酵时间 24h 左右。

（3）搅拌　发酵好后，往米浆内再放入白糖、蜂蜜、苏打搅拌均匀。将发起的面团加入桂花并用水稀释，面发起良好时，面要稍稀些，而发起不好时，面要稍稠些，然后进行第二次发酵，发至稀面表面呈细纹为宜。

（4）蒸制　在蒸笼边放 30cm 长、6cm 高木条一根，使笼底留有空隙，蒸汽容易进入笼内，在笼屉上铺一块湿布，倒入配制好的米浆约 3cm 高，然后把红枣丝、核桃仁、瓜条分布均匀地撒在米浆表面上，笼屉里上汽后蒸 20～35min 即熟。

（5）冷却　取出糕晾凉，切成块，即可食用。

（二）方法二

1. 原料配方

大米 1000g、面肥 200g、白糖 200g、桂花 20g、碱面适量。

2. 操作要点

（1）原料预处理　用清水将米淘洗干净，泡半小时，捞出沥去水分，放在通风处风干后用小磨碾成细粉过罗。

（2）和面　将过罗的米粉加开水 1kg，烫熟后与面肥掺在一起搅匀，放在湿度高的地方发酵，发好后，加入适量的碱和白糖、桂花搅匀备用。

（3）蒸制　把框子放在屉上铺上屉布，将面倒在甑子内蒸 1h 左右即熟。

十一、果酱白蜂糕

1. 原料配方

籼米 1000g、籼米饭 100g、酵母浆 50g、蜂蜜 400g、果酱 300g、蜜瓜条 100g、蜜樱桃 100g、酥桃仁 100g、红枣 80g、青红丝 100g、白糖 200g、小苏打 10g。

2. 操作要点

（1）磨米浆　把籼米淘洗干净后用清水浸泡约 10h 左右，沥干水分，再与籼米饭和适量清水和匀，连米带水用石磨磨成米浆（米浆稍稠为好），磨米浆时要注意籼米和籼米饭的比例，且米浆的干稀度要适度。加入酵母浆搅拌均匀后让其发酵。

（2）切配料　将蜜瓜条、酥桃仁分别切成薄片；红枣去核后每两枚重叠卷紧，再用刀横切成薄片；蜜樱桃对剖待用。注意要点是切配料时控制好各种配料的形状，整齐有度。

（3）成形　将发好的米浆加入蜂蜜、小苏打、白糖后搅拌均匀，将其倒进不锈钢方盘中（量为方盘的 2/3），用旺火蒸约 15min 取出，把果酱均匀地涂抹在糕坯上，再将剩余的米浆倒入并抹平，然后将蜜瓜条、酥桃仁、红枣、青红丝、蜜樱桃等小料均匀地放在上面，再用旺火沸水蒸熟即可。

（4）切糕上席　将蒸好的白蜂糕晾冷后切成各种形状，装盘即可上席。

十二、混糖蜂糕

1. 原料配方

玉米粉1000g、红糖300g、老醛面200g、桂花25g、青红丝少许、碱适量。

2. 操作要点

（1）和面　将玉米粉倒入盆内，加入老醛面和水，和成较软些的面团发酵，待面发起时，加入适量的碱搅拌均匀，再放入红糖，拌匀备用。

（2）蒸制　将屉布铺好，把玉米面团倒在屉上铺平（大约有2cm的厚度）。然后撒上桂花、青红丝，用旺火蒸熟。取出扣在案板上晾一晾，改刀切块，装盘即可。

十三、蜜枣发糕

1. 原料配方

猪板油1000g，鸡蛋750g，蜜枣250g，核桃仁250g，冬瓜条250g，糖玫瑰50g，面粉275g，白糖500g，蜜樱桃125g，黑芝麻12g。

2. 操作要点

（1）原料预处理　猪板油去皮抽筋，切成小指头大小的细颗粒。蜜枣、核桃仁、冬瓜条剁成更小的颗粒。

（2）和面　将白糖、鸡蛋放入搅拌机体内，搅打，使之发泡呈乳白色，再放入面粉低速搅拌均匀，然后加进猪板油丁、蜜枣、核桃仁、冬瓜条、蜜樱桃、糖玫瑰等，搅拌调匀。

（3）倒笼、蒸制　在蒸笼底铺上一层纸，靠边立置长约10cm的木条1块，以透蒸汽。将搅拌好的糕浆倒入笼内铺平，务使各处厚薄一样，并撒上黑芝麻，大火蒸约1h。

（4）切块　如小竹签插入糕内，不粘糕浆，便已蒸熟，即迅速翻置案板上，趁热揭去垫纸，晾冷后，用薄口刀切成3cm见方的小块即成。

中式糕点
生产工艺与配方

十四、绍兴香糕

1. 原料配方

粳米 10kg、白糖 3.5g、糖桂花适量、香料适量、水适量。

2. 操作要点

（1）粳米加工　先把粳米淘洗干净，用水浸泡 10～16h，使米粒含水量达 26.8％左右，磨成细粉，用 60g 目罗过筛，粗粉重磨。

（2）拌糖　将过筛的细米粉与白糖拌和，焖 2～5h，使糖溶化，再用 60 目筛过细，以 60～100℃ 的炭火烘烤。但不宜过干，以免飞散损失。

（3）成形蒸制　拌入糖桂花、香料，放入模具中成形，蒸煮 30～40min。

（4）烘烤　取出后在 80～100℃ 的文火旁烘烤 12～15min，使水分蒸发，再以 100～120℃ 的炉火烘烤 6～8min，翻转再烘烤 5～7min 即为成品。

第七章　煮制品类中式糕点 ◄◄◄◄

煮制方法是糕点加工制作中最简便、最易掌握的一种方法。它是把成形的生坯投入水锅中，利用水受热后产生的温度对流作用，使制品成熟。煮制法的使用范围也较广，包括面团制品和米类制品两大类。

第一节　汤圆类

一、雨花汤圆

"雨花汤圆"是近年来行业内比较流行的一款小吃，因其小巧玲珑，形状美观，煮熟后舀入洁白的小瓷碗或透明的玻璃盛器，犹如一颗颗雨花石，故而得名。"雨花汤圆"的制作过程并不复杂，关键还是要把汤圆做得形象逼真，花纹清晰。

1. 原料配方

汤圆粉 1000g、可可粉 120g、吉士粉 150g、莲蓉馅 380g。

2. 操作要点

（1）制粉团　将汤圆粉 700g 装入盆中，加入适量温水和匀，揉成白色粉团；另将剩余的汤圆粉平分为两份，分别装入盆中，再分别加入可可粉、吉士粉及适量温水和匀，揉成褐色及黄色两种粉团。

制作粉团时要掌握好可可粉和吉士粉的比例。如果可可粉、吉士粉过少，成品色泽太淡；而如果可可粉、吉士粉过多，粉团又易松散不成形。另外，粉团宜稍硬而不宜过软，否则可塑性较差。

（2）制三色面皮　将三种颜色的粉团分别擀压成大小相同的片，再将三片重叠在一起，然后用刀从中间一切为二，随即将切开的两个窄片再重叠在一起，并稍加按压，接着用刀顺切成条状，然后横切成小剂子。

将各色粉团的片叠在一起时，叠的次数不宜过多，否则会造成花纹过密过细，反而失去真实感。

当剂子按扁成片状后，应将花纹清晰的一面向外包入馅心。此外，包好的汤圆不宜久搓，以免花纹模糊。另外，不一定非要将汤圆都搓成圆形，还可搓成扁圆形等，使之更像雨花石。

（3）包馅　取一个小剂子，从横截面上方按扁成皮状，再包入一份莲蓉馅，揉搓光滑后，即成雨花汤圆生坯，依法逐一制完。

（4）煮制　锅上火，注入清水烧至将沸，倒入雨花汤圆生坯，改文火保持锅中沸而不腾状，煮至汤圆成熟且浮起时，用漏勺捞出装入碗中，再往碗中注入适量清澈的开水，即成。煮汤圆时宜用文火煮制，但不宜久煮，以避免汤圆变软不成形。汤圆煮好装碗后，不宜注入煮汤圆的原汤，最好注入开水，以使汤圆的色泽和花纹能够充分显示出来。

二、水磨汤圆

1. 原料配方

新鲜水磨粉1000g、澄沙馅660g（如用鲜肉只需500g）。

2. 操作要点

（1）制粉、配料　取水磨粉250g，用适量的水揉和成粉团，拍成饼，当水煮沸时放入锅内，煮成熟芡捞出，浸入冷水。再用水磨粉750g放入缸中，用双手搓擦，同时把从水中取出的熟芡放入碎粉粒中，揉拌成粉团，盖上湿布，待用。

（2）包制　按量揪剂（每500g可以揪20个剂子），将剂捏成锅形，放入澄沙馅，随后将边逐渐收口，即成汤圆。

（3）煮制　待水煮沸时，将汤圆下锅，用勺沿锅边推转，当汤团浮出水面时，加少许冷水，再煮7～8min，当汤团的皮看上去是深玉色，有光泽即熟。

三、酒锅汤圆

1. 原料配方

糯米粉 1000g、白糖 400g、熟面粉 60g、猪油 20g、核桃仁 6g、花生仁 10g、芝麻 10g、瓜条 10g、青红丝、桂花酱、香精少许。

2. 操作要点

（1）制粉、配料　将白糖 200g 加熟面粉 40g，加青红丝、芝麻、花生仁、核桃仁、桂花酱、猪油、香精等，另外用 20g 熟面粉打成浆糊，倒在一起搓成馅，拍紧成块，再切成小方丁。

（2）包制　在箩筐内放些糯米面，把切好的小方丁进水浸一下，放在箩筐内的糯米面上，用手摇动，使糯米面挂在剩馅上，连续多次，摇成玻璃球大小的汤圆。

（3）煮制　待锅内清水烧开后，将汤圆下锅，汤圆浮起时，加入白糖，连汤一起倒入已备好烧酒的酒锅内，将酒锅端于桌上，再将锅内酒点燃。

四、脂油汤圆

1. 原料配方

糯米 1000g、白糖 330g、板油 100g、青梅 30g、桃仁 30g、芝麻 18g、桂花 18g。

2. 操作要点

（1）制粉　糯米采用水浸泡 4h，捞出换水，磨成吊浆。

（2）配料　板油、白糖按脂油馅制法，做好后与炒熟的芝麻粉、剁碎的青梅、桂花等配料，拌和成馅。

（3）包制　用水将三分之一的吊浆煮熟，放入冷水，浸泡后，用三分之二的生吊浆与熟吊浆和成粉团，将粉团搓成长条，按量揪剂。再把剂子捏成小酒杯形，包馅收口，捏成汤圆。

（4）煮制　待水煮沸时，将汤圆下锅，汤圆浮上后即可捞出。

五、鸽蛋汤圆

1. 原料配方

白砂糖 1000g、水磨粉 2500g、芝麻粉 100g，薄荷香精、糖桂花各少许。

2. 操作要点

（1）配料及预处理　白砂糖加水 250g，用中火熬制约 15min，见拔丝后立即离火，趁热将三分之一糖浆倒入铁板上，用刮板、菜刀将糖浆来回搅拌，然后将铁板上的糖浆围成一个坑，再倒入三分之一，仍旧用刮板、菜刀将糖浆搅拌，待剩余的糖浆全部倒入后，加入香精、薄荷、糖桂花。把配好而且凝固的糖馅，用手使劲捏搓成长条，再切成豆粒大小的糖粒，待用。

（2）煮制　取水磨粉 500g 左右，加少量水，揉和拍成饼，加入锅内煮熟，捞出浸在凉水中，冷却后揉进粉团内，揉至不粘手为止，用湿布盖上备用。

（3）包制　取粉坯一块（约 10g 重），用拇指按一个坑，放入馅心，包拢，搓成圆长形。

（4）煮制　待水煮沸后，将圆子入锅，用勺子搅动，等圆子浮上水面后，再煮 20min，见圆子表皮成深玉色并有光泽时，即可捞出，倒进已备好的冷水中，让其迅速冷却。再将圆子捞出控干水分，放在碾碎的芝麻粉中，将每个圆子的底部滚上芝麻粉，四只一排、八只一组，放在光纸或粽叶上即成。

六、枣泥元宵

1. 原料配方

糯米粉 1000g、白糖 300g、熟面粉 250g、枣泥 50g、大油 100g。

2. 操作要点

（1）配料　将白糖掺上大油、枣泥和 200g 熟面粉揉搓。

（2）制馅　再用 50g 熟面粉加水打成浆糊，加入馅内揉匀，用刀拍紧，切成 80g 馅块备用。

（3）成形　糯米粉放入筐内，将馅块浸水，倒入糯米粉内滚动，反复 6～8 次即成。

（4）煮制　锅内加水烧开，下入元宵，边下边用手勺将开水推转，煮至元宵浮起即可。

七、珍珠圆子

1. 原料配方

上等糯米 1000g、白糖 450g、精白面粉 90g、猪板油 90g、黑芝麻 45g、冰糖 22g、橘红（红橘蜜饯）22g。

2. 操作要点

（1）制粉　将 900g 糯米清洗干净，用清水浸泡 2 天（春秋季，每 8h 换水 1 次，盛夏每 4h 换水 1 次，以防糯米变酸），将糯米磨成细粉装入布袋滴干水分。

（2）浸泡　取剩余 100g 糯米，洗净后用温水泡软待用。

（3）制馅　将黑芝麻用文火炒熟，碾压成细粉，与炒成金黄色的精白面粉混合；将猪板油撕去油皮切成细丁，将橘红切成颗粒状，将冰糖碾碎。以上各种原料与白糖拌匀成馅，分成 20 个圆形馅心。

（4）包制　将糯米粉浆揉搓滋润（粉浆太干可加运量清水），分成 20 等份。用每份粉团包一个馅心，捏成上圆下平的半球形，在表面均匀地粘上泡软的糯米。

（5）煮制　将圆子放在蒸笼中以急火蒸熟，可热食，亦可凉食。

八、拔丝小汤圆

1. 原料配方

糯米粉 1000g、白糖 1000g、糖稀 160g、熟面粉 160g、猪板油 80g、花生油 2500g（实耗 400g）、青红丝少许、桂花少许、瓜仁少许、芝麻少许。

2. 操作要点

（1）配料　将青红丝切碎与猪油、白糖 500g、桂花、熟面粉、糖稀、瓜仁等配料和成水晶馅。

（2）成形　将和好的馅砸成 3mm 厚的片，切成 3mm 见方的丁，沾水放入糯米粉用簸箕摇晃，反复 3 次即成生汤圆。

（3）煮制　在炒勺中倒入花油，烧至六七成熟时，下入汤圆并用筷子拨开，漂浮后用漏勺捞起，用小勺拍开口。

（4）拔丝成品　将炒勺置火上，注入少许清水，下入白糖 500g，炒至金黄色时下入汤圆，离火颠匀，撒入青红丝、芝麻等即成。

九、核桃酪汤圆

1. 原料配方

核桃仁 1000g、江米（糯米）面 1000g、江米 330g、麻仁

660g、白糖 500g、小枣 330g，面粉、桂花各少许。

2. 操作要点

（1）制馅　将白糖放入碗内，加桂花、麻仁、面粉，再加开水少许拌匀，放在案上，用刀拍成 1.5cm 厚片，改切 1.5cm 见方的丁，即咸汤圆馅。

（2）成形　将江米面放入簸箕里。汤圆馅放在漏勺里，用凉水浸过，倒入簸箕内，用双手摇动，使汤圆馅粘满江米面，连续 3 次，即成汤圆。下入锅内煮 10min 左右，漂起即熟。

（3）核桃仁预处理　核桃仁用开水冲 2 次，剥去外皮剁碎，小枣洗净，用凉水浸泡 12h。

（4）配料研磨　把江米、核桃仁、小枣肉放入碗中，加清水 200g 拌匀，用小磨磨一遍，成为细浆。

（5）煮制、成品　净勺放开水 750 半，下入白糖，上火见开，撇去浮沫，迅速将核桃仁浆下入，搅匀咸粥状，至熟，盛于碗内，将煮熟汤圆捞入即成。

十、长沙姐妹汤圆

1. 原料配方

（1）皮　糯米粉 1000g、水 200g、花生粒适量。

（2）馅　芝麻 1000g、猪油 600g、砂糖 400g。

2. 操作要点

（1）和面　将糯米粉与水和匀，搓成长条形，分切成 30g 的小块，擀成圆形的片。

（2）包制　把芝麻、猪油、砂糖和匀，制成馅料，包入圆形皮中。

（3）蒸制　搓成球形，入笼蒸约 7min。

（4）炸制　蒸熟后，在表面粘上花生粒，放入油锅中慢火炸至金黄色。

十一、宁波人参汤圆

1. 原料配方

糯米粉 1000g、白糖 300g、蜜樱桃 60g、黑芝麻 60g、鸡油 60g、蜜玫瑰 30g、面粉 30g、人参粉 10g。

2. 操作要点

（1）馅料预处理　将鸡油熬熟，滤渣晾凉；面粉放干锅内炒黄；黑芝麻炒香捣碎，将蜜玫瑰、蜜樱桃压成泥状，加入白糖，撒入人参粉和匀，做成心子。

（2）包制　将糯米粉和匀，包上心子作成汤圆。

（3）煮制　等锅内清水烧沸时，将汤圆下锅煮熟即成。

十二、成都赖汤圆

1. 原料配方

糯米 1000g、大米 250g、白糖 300g、化猪油 150g、面粉 50g、芝麻 30g。

2. 操作要点

（1）制粉　将磨好的米浆装入细布袋内压干水分即成汤圆粉子。将汤圆粉子用手搓揉至软硬适度不粘手。

（2）配料　每 500g 白糖配 100～125g 面粉。用白糖加熟芝麻和面粉，用筛子筛匀，加化猪油，用手搓匀，再用擀面杖擀成饼状，用刀切成方块，大小随意。

（3）包制　用手取粉子一块，在手中搓圆后，在案板上压平，再把馅放在粉子当中，包严即成。

（4）煮制　煮汤圆时，须不使锅内开水翻滚，免得将汤圆煮烂。待汤圆浮出水面，再翻滚一两次，用手按时有弹性即可捞出。

十三、艺麻汤圆

1. 原料配方

糯米 1000g、大米 200g，适量的白糖、麻酱、核桃仁（压碎）、芝麻、化猪油。

2. 操作要点

（1）浸泡　将糯米与大米混合，水浸 1～2 天，用磨磨细，放入布袋内，悬空吊浆，制成面粉。

（2）配料搅拌　将白糖、麻酱、核桃仁、芝麻、化猪油和面粉混合拌匀，制成小方块馅料待用。

（3）包制　将面粉加入适量凉水揉和，取一小块捏扁，放入切好的馅料封口揉圆。

（4）煮制　将水烧开后放入汤圆，煮时火不宜过旺。汤圆浮上水面，稍过一会儿捞出即可。

十四、四味汤圆

1. 原料配方

吊浆粉 1000g、白糖 1000g、猪油 1000g、熟面粉 400g、黑芝麻 200g、蜜玫瑰 20g、橘饼 100g、芝麻酱 100g、冰糖 40g。

2. 操作要点

（1）调制面团　将吊浆粉加适量的温水调揉均匀成米面团，调制时可加入少许澄粉或淀粉。调制面团时控制好面的软硬度。

（2）制馅　将黑芝麻洗净，然后用文火炒熟，并将其擀压成颗粒较粗的粉末待用；把橘饼用刀切成细碎待用；冰糖拍成碎块待用；蜜玫瑰用刀剁细待用。然后分别将四种原料加入白糖、猪油、熟面粉擦揉均匀制成四种甜味馅，在案上压紧，切成小块待用。

（3）包馅成形　取事先和好的米面团剂子一个，再分别装上四种甜味馅捏成圆球状，略搓即成汤圆生坯，汤圆包好后不宜久搓，否则容易散开。包好后放在湿纱布上。

（4）煮制　将锅放置于火上，加入较多的清水烧沸，再下汤圆煮至浮起，不停地加入清水，以保持锅内水沸而不腾，煮至汤圆成熟即成。

第二节　冷调糕

一、凉糕

1. 原料配方

（1）皮料　糯米 1000g。

（2）馅料　白糖 400g、熟面粉 200g、熟芝麻仁 200g、青红丝 50g、熟花生仁 50g、熟瓜子仁 50g、香精 4g。

2. 操作要点

（1）原料处理　糯米洗净，用温水泡 2h；熟芝麻仁、熟花生仁擀碎。

（2）蒸米、捣碎、冷藏　将泡好的糯米沥尽水，上屉干蒸至熟烂取出，用木棒捣成细泥状成糯米团，放冰箱内冷藏 14h。

（3）馅料调制　熟芝麻仁中放白糖、熟瓜子仁、青红丝、香精、碎花生仁拌匀成馅。

（4）制皮、包馅　案板上撒上熟面粉，放进糯米团，揉匀，搓成长条，揪成鸡蛋黄大的剂子，滚圆按扁，放入馅包好，团成圆球，再按成小圆饼。

（5）冷藏　将小圆饼摆入盘内放进冰箱内冷藏即成。

二、糯米凉糕

1. 原料配方

糯米 1000g、熟面粉 100g、麻仁 100g、瓜子仁 100g、绵白糖 500g、红色素少许，青红丝、水适量。

2. 操作要点

（1）将糯米淘洗干净，用水浸泡 3h，沥去水，上屉蒸至熟烂，取出用木棒捣烂摊凉。

（2）将麻仁用走槌碾碎，加入绵白糖 300g、瓜子仁、青红丝拌匀成馅。

（3）在案板上撒点熟面粉，将捣烂的糯米揉成团，用木板压成长方形，再用刀切成同样大小的两块。

（4）先将其中的一块铺上拌好的馅（豆沙馅、红果馅等均可），然后把另一块放在糖馅上面压平，再在上面撒上用红色素搓匀的绵白糖 200g，用刀切成块即可。

三、软米凉糕

1. 原料配方

软米（黍米、黄米）1000g、红枣泥 400g、红白糖适量。

2. 操作要点

（1）泡米　软米陶洗干净，放到盆里倒入冷水泡 15 天左右，发出酸味为止。捞出用清水冲洗无酸味，待用。

（2）蒸米　将蒸锅置于旺火上，水烧沸套上瓦甑（蒸软米的专用工具），用湿布铺在甑上盖住甑眼，放入软米约 6cm 厚。待蒸气大起时，再加一层米。满甑后将来盖上白洁布。待熟后，将米倒在盆里，加入适量开水搅拌匀和为宜。

（3）铺馅、成形 用一块布铺在案板上，撒上冷开水，把蒸熟的软米排上一层，放上枣泥馅摊平，馅上再盖一层软米。用温布盖上用手压扁，切成小块，放在盘里撒上白糖即好。

四、红豆沙凉糕

1. 原料配方

红豆沙 1000g、砂糖 350g、琼脂 50g。

2. 操作要点

（1）熔化琼脂 琼脂用凉水泡开，泡开的琼脂沥去水分，用1000g 水与琼脂混合，烧开熔化。

（2）红豆沙处理 红豆沙放进干净的盘内，再用 1000g 红豆沙与 1000g 温水混合，搅匀。

（3）混合 化开的琼脂倒入豆沙水，小火慢慢搅拌，加入砂糖。

（4）煮制 混合后烧开，继续小火煮 10min，煮的过程中要不断搅拌，以免煳底。

（5）冷藏 倒入方盘，晾凉放冰箱冷藏 1h，拿出搅匀，再次冷藏 3h，取出切块即可。

五、鲜橙蜂蜜凉糕

1. 原料配方

新奇士橙 1000g、蜂蜜 120mL、琼脂 40g、清水 2400g。

2. 操作要点

（1）原料预处理 提前 1h 将琼脂用水泡软，新奇士橙去皮去膜，取果肉掰碎。

（2）熬制 将泡软的琼脂和水烧开，转小火熬制 15min 使其融化，在熬制中要不断搅拌以防止粘锅；直至完全溶解后关火。

（3）搅拌 稍微冷却一会儿，加入新奇士橙果肉和蜂蜜拌匀。

（4）成形 到入模具冷却，凝冻后放冰箱冷藏即可。

六、水晶糕

1. 原料配方

白砂糖 1000g、大米 600g、车前草 50g。

2. 操作要点

（1）预处理　将大米淘洗干净、车前草洗净，切成细粒。再将大米、车前草加入水，磨成细浆。

（2）煮制　将锅内倒入水烧沸，放入米浆，搅拌均匀，煮熟后倒入木制模子内，晾凉收干，淋少许水，以免硬皮。

（3）化糖　将白砂糖放进碗内，倒入水化开，备用。

（4）切块　将凉糕切成薄片，放到碗内，倒入糖水，即可食用。

七、扒糕

1. 原料配方

荞麦面 1000g、酱油 300g、醋 300g、芝麻酱 150g、大蒜 40g、芥末面 30g、辣椒油 20g、咸胡萝卜 100g、精盐 30g。

2. 操作要点

（1）煮制　将凉水 3000g 倒入锅内，用旺火烧至将沸时，舀出 1500g 热水备用，将荞麦面全部倒入将沸的水中，用筷子搅拌成面团，然后把剩下的 1500g 热水再倒入盛面团的锅内，用筷子将面团划成若干小块，将水烧沸，煮熟后，用筷子搅匀，盛入数个方盘中，盖上湿布，用手按平，待晾凉凝结成坨后取出。

（2）混合　把酱油和醋各掺入 300g 凉开水稀释，芝麻酱放碗内，加入精盐 30g，再陆续加进凉开水 200g 调匀，大蒜去皮、洗净，加入精盐少许捣成蒜泥；芥末面放入碗中，用开水 50g 烧烫后，调成较稠的芥末糊；咸胡萝卜去皮，擦（或切）成细丝。

（3）切分　将晾凉的扒糕切成很薄的菱形小片，分别盛在小碗内，放入适量的酱油、醋、芝麻酱、蒜泥、咸胡萝卜丝、辣椒油和芥末糊等调料，拌匀食用。

八、艾窝窝

（一）方法一

1. 原料配方

糯米 10kg、白糖 4.4kg、大米粉 1.1kg、青梅 660g、芝麻 2.2kg、核桃仁 400g、瓜子仁 200g、冰糖 660g、糖桂花 200g。

2. 操作要点

（1）原料预处理　糯米淘洗干净，加水浸 6h 以上，沥净水，上笼用旺火蒸约 1h，取出放入盆内，浇入开水 10kg，盖上盖，焖 15min，使米吸足水分。然后，将米取出，放入屉里，再蒸 30min，用木槌捣烂成团，摊在湿布上晾凉。

（2）制馅　核桃仁用文火烧焦，搓去皮，切成黄豆大的丁，芝麻炒熟擀碎，瓜子仁洗净，青梅切成绿豆大小的丁。将以上原料连同白糖、冰糖、糖桂花合在一起拌制成馅。

（3）成形　大米粉蒸熟晾凉，铺撒在案板上，放上糯米团揉匀后，下成小剂后逐个按成圆皮，放上馅心，包成圆球形即成。

（二）方法二

1. 原料配方

熟江米 1100g、面粉 200g、白糖 100g、山楂糕 100g、芝麻 70g、核桃仁 70g。

2. 操作要点

（1）蒸面　把面粉放进蒸笼里开锅后蒸 15min。

（2）擀面　蒸过的面粉会发干发硬，因此等面晾凉后，要用擀面杖把面擀碎、擀细。

（3）制糖馅　把蒸过的面粉、白糖、芝麻，还有碾碎的核桃仁搅拌在一起；同时将山楂糕切成小块状。

（4）包馅　取一勺熟江米，将它放在面粉上来回搓揉，使熟江米完全沾满面粉，然后将它按扁，薄厚由自己喜好而定。包上刚刚拌好的糖馅，然后将周边捏合到一起，再在上面点缀一小块切好的山楂糕即可。

九、豌豆黄

1. 原料配方

（1）主料　去皮干燥黄豌豆 1000g。

（2）调料　白砂糖 280g、小苏打 8g、清水若干。

2. 操作要点

（1）浸泡　豌豆洗净、沥干，加入小苏打拌匀，用水浸泡，静置 5～6h，水平面以没过豌豆 3cm 为宜。

（2）煮制　原料浸泡 5～6h 后，倒掉小苏打水，用清水漂洗 4～5 次，沥干后放入锅中，加水煮开，水量以没过豌豆 4～5cm 为宜。煮沸过程中会浮起白色的泡沫，要撇掉。水开后然后调成中火，继续煮至大部分豌豆开花酥烂。

（3）破碎、过滤　用电动打蛋器搅拌已经酥软的豌豆（汤），尽量使豌豆破碎。用过滤网把豌豆糊过滤一遍，使豌豆变成细腻、浓稠的糊状。

（4）浓缩　在豌豆糊中加入砂糖拌匀后，放回火上继续加热，用文火熬到浓稠，豌豆糊成半固体而不是液体状即可离火。

（5）成形　倒入模具中，将表面刮平，放置于室温中待温度稍微降低、不烫手，即可放入冰箱冷藏。为了方便冷藏后的脱模，最好采用活动底的模具。

（6）冷藏　冷藏超过 4h，可以取出脱模，切块后即可食用。

十、芸豆卷

1. 原料配方

白芸豆 10kg，白糖 5kg，芝麻 2kg，糖桂花 100g，碱 20g，明矾 12g。

2. 操作要点

（1）芸豆预处理　芸豆磨成碎豆瓣，去皮，放在盆内，用开水冲入后泡 6～12h，加入一些温水，与盆里的冷开水调匀，两手将碎豆瓣搓一搓，搅拌几下，使存余豆皮浮起并用勺撇掉，如此反复进行至豆皮去净。

（2）煮制　豆瓣放锅内，加入碱和明矾，用旺火煮沸后，改用文火煮至手捻豆瓣成粉，捞出用布包好，上笼蒸 15min 取出，仍用布包好，不使其变凉。

（3）揉搓　取一只盆，上放钢丝网筛，将豆瓣倒入，用木板刮擦成泥。晾凉后放入冰箱内保存，以防吸潮，用时取出倒在湿布上，隔布揉和成泥。

（4）芝麻预处理　芝麻筛去杂质，炒熟，晾凉后碾碎，加入白糖拌匀。加入用糖水 25g 泡过的糖桂花。

（5）整形　取 50cm 见方的湿布一块，一半铺在面板上，一半垂下，将和好的芸豆泥取出 100g 搓成直径约 3cm 的圆条，放在湿布中间。将芸豆泥条压成片状，四周不齐整的地方切去，铺上芝麻掐，将垂下的 1/2 湿布撩起盖在馅上，垫着布把馅轻轻压实。

（6）成型　慢慢卷起，直到卷成一个圆柱形，切块即可，可轻轻压一压使芸豆卷儿成方形。

十一、驴打滚

1. 原料配方

（1）配方 1　糯米粉 10kg，红豆沙 4kg，黄豆面 4kg。

（2）配方 2　糯米粉 100g，玉米淀粉 25g，糖 30g，色拉油 3 大勺，水 150mL，红豆沙若干，黄豆面、椰丝各适量。

2. 操作要点

（1）把糯米粉倒到一个大盘里，用温水和成面团，拿一个空盘子，在盘底抹一层香油，这样蒸完的面不会粘盘子。将面平铺在盘中，上锅蒸，大概 20min 左右，前 5～10min 旺火，后面改文火，蒸匀蒸透。

（2）在蒸面的时候炒黄豆面，直接把黄豆面倒到锅中翻炒，炒成金黄色，出锅备用。

（3）把红豆沙用少量开水搅拌均匀。

（4）待面蒸好取出，在案板上洒一层黄豆面，把糯米面放在上面擀成一个大片，将红豆沙均匀抹在上面（最边上要留一段不要抹）然后从头卷成卷，再在最外层多撒点黄豆面。

（5）用刀切成小段，在每个小段上再糊一层黄豆面就可以了。

十二、高粱面驴打滚

1. 原料配方

黏高粱面 1000g、黄豆 300g、白糖 500g。

2. 操作要点

（1）磨粉　将黄豆淘洗干净，沥净水分，炒熟，趁热用食品加工机研磨成粉。

（2）和面、蒸制　将黏高粱面和 300g 白糖拌匀，再加入适量清水和成较软的面团，摊在盘内，上屉蒸 30min 至熟。

（3）整形　将蒸熟的黏高粱面团取出，放在黄豆粉和白糖上擀成 0.5cm 厚的片，卷成卷，再切成 1cm 宽的条，装入盘内即成。

十三、闽式食珍橘红糕

1. 原料配方

糕粉1000g、白砂糖1200g、金橘48g、薯粉（撒粉用）60g。

2. 操作要点

（1）制糕粉　先将糯米过14目铁丝筛，除去米糠碎米，然后浸泡洗净，淋清后沥干，静置收干后，入锅加热砂炒，待米粒体积膨胀至1倍，出锅冷却，过筛去砂粒，磨成细粉。

（2）熬糖浆　白砂糖加水熬成糖浆，糖与水的比例为5:3。糖水煮沸，白砂糖全部溶化后提净杂质，过滤冷却后备用。

（3）煮金橘　金橘加少量砂糖和适量清水，加热熬煮，再切成碎块备用。

（4）制糕团　将糖浆、金橘碎块放在锅中搅拌均匀后，加入糕粉，用锅铲炒拌成软润、有弹性的糕团。

（5）成形　将调制好的粉团放在操作台上，分块、搓条，切成3cm长的小块，撒匀薯粉，筛净粉屑，进行成品包装。

第三节　粽子类

一、八宝粽

1. 原料配方和设备

（1）原料配方　糯米、红米、黑米、黑麦片、蜜枣、绿豆、红豆、枸杞、百合（后八种材料随自己喜欢，但总量与糯米的比例为1:1，不能过多）、白砂糖各适量。

（2）设备　夹层锅、蒸煮锅、包装机、杀菌设备。

2. 操作要点

（1）糯米预处理　糯米浸泡一夜，红豆绿豆黑米红米浸泡24h，红枣、黑麦片、枸杞、百合浸泡几小时。然后沥去水分，把除枣以外的材料加白砂糖拌匀。

（2）洗粽叶　粽叶彻底洗净，反正面都要清洗一下。剪掉梗，正面，就是光滑的一面朝上。卷成漏斗装，底部要折一下。

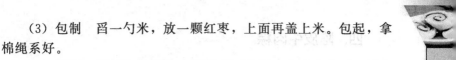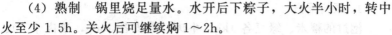

（3）包制　舀一勺米，放一颗红枣，上面再盖上米。包起，拿棉绳系好。

（4）熟制　锅里烧足量水。水开后下粽子，大火半小时，转中火至少 1.5h。关火后可继续焖 1～2h。

（5）冷却　从锅内取出粽子倒入冷水中再次冷却（10min 左右）后捞出，放在食品车上沥水。捞出粽子放在不锈钢速冻盘中，捞出时要把粽子上面粘的饭粒清洗掉，把破的、开裂的、掉线的都要挑出来。

（6）速冻　粽子在不锈钢盘中要把表面的水分吹干，然后在速冻库或速冻机中速冻，粽子的速冻时间为 3～4h，粽子中心温度要达到 −15℃ 以下。

二、猪肉粽

1. 原料配方
糯米 10kg、鲜猪肉 6kg（肥瘦各半）、白砂糖 500g、酒 100g、酱油 600g、食盐 280g、味精少许、粽叶适量。

2. 操作要点
（1）原料预处理　先将糯米淘洗干净，加白砂糖、食盐、酱油拌匀。再将猪肉切成长方形小块，与剩下的配料拌匀。

（2）包制　然后将粽叶卷成漏斗状，装入 40g 糯米，放上肥、瘦肉各一块，再加盖约 30g 糯米拨平，包好。

（3）煮制　将包好的粽子放入水中煮沸 1h 后，再用文火煮 1h 左右。蒸煮过程中要不断添水以保持原有水位，煮熟出锅即可。

三、红枣粽

1. 原料配方
糯米 1kg、红枣 0.3kg。

2. 操作要点
（1）原料预处理　将糯米洗净，用凉水浸泡 2h 后捞出。

（2）包制　在卷成漏斗状的粽叶中装入糯米 30g，然后放上红枣 4 个，再盖上一层糯米。

（3）煮制　包好后，将粽子入锅，加满冷水盖好，用旺火煮 2h 左右即可。蒸煮过程中要加水以保持原有水位。

四、陈皮牛肉粽

1. 原料配方

泡过的糯米、绿豆各 1kg，牛肉、陈皮各 100g，猪肉末 50g、麻油 10g、猪油 50g，葱末、姜末、食盐各适量。

2. 操作要点

（1）原料预处理　用猪油将葱、姜末炒黄，依次放入牛肉、陈皮、猪肉末炒半分钟后，淋上麻油即成馅。

（2）包制　包时先填进拌匀的糯米绿豆，将馅料夹在中间。

（3）煮制　包好后将粽子入锅排紧，放冷水至浸没粽子，旺火煮 1h 后，文火煮 1h 即可。

五、绿豆鸭蛋粽

1. 原料配方

糯米 1000g，绿豆 1000g、花生米 30g、熟咸鸭蛋蛋黄 7 个。

2. 操作要点

（1）预处理　将蛋黄切碎与糯米、绿豆、花生拌匀成馅。

（2）包制　取泡过的粽叶折成漏斗状，填入适量馅料，包好后入锅内排紧。

（3）煮制　加入冷水浸没粽子，煮沸 1h 后，改文火煮 1h 即可。

六、果仁桂花粽

1. 原料配方

糯米 1kg、芝麻 100g、猪油 150g、白砂糖 300g、桂花 100g，食盐、淀粉各适量。

2. 操作要点

（1）馅料预处理　将白砂糖、芝麻、食盐、猪油拌匀，边搅边加入淀粉，然后放入桂花，拌匀后即成馅。

（2）包制　在折成漏斗状的粽叶中填入约占 1/3 体积的糯米后，再放入 1/3 的馅，最后再盖 1/3 糯米。

（3）煮制　包好后，入锅排紧，放水至浸没粽子。旺火煮 1h 后，再用文火焖半小时即可。

七、高粱米粽子

1. 原料配方

黏高粱米 1000g、红枣 500g，粽叶、白砂糖各适量。

2. 操作要点

（1）原料预处理　黏高粱米用清水淘洗干净，在清水中泡 8～10h，再用清水洗干净，沥干水分。红枣选好并用清水洗干净，放入盆中。粽叶剪去两头，用清水洗干净，浸泡在热水中，泡好后待用。

（2）捆绑　取粽叶 3～4 片，弯成斗状，放入泡好的黏高粱米和洗干净的红枣，包成 4 个角的粽子，捆好。

（3）煮制　将包好的粽子摆在锅中，压上重物，添水与粽子平，盖严锅盖，用旺火煮熟为止。

八、黄米粽子

1. 原料配方

黏黄米 1000g、红枣 500g、干粽叶 500g、细麻绳 10 根。

2. 操作要点

（1）原料预处理　将黏黄米淘洗干净，泡于水中，红枣泡洗干净。粽叶用温水浸泡透并洗净，也泡于水中。

（2）整形　取粽叶两三张铺平，从中间折成漏斗状（底尖不可漏米），放入两三个红枣及 50g 黏黄米，把粽叶上中包严，呈四角形。再用细麻绳扎紧。如此逐个将粽子包好。

（3）煮制　把包好的粽子放锅内，摆放不要过密或过疏，加水浸没，粽子上放箅子，箅子上再压一个洗净的重物（如石块），以免粽子在煮时移动。用旺火把水煮沸，改用文火煮约 2h 至熟。

第八章　油炸制品类中式糕点 ◀◀◀◀

油炸是将制作成形的面点生坯，放入一定温度的油内，利用油的热量使之加热成熟的一种熟制技术。炸制技术的适用性比较广泛，几乎各类面团制品都可炸制。

第一节　油炸酥层类

一、奶油炸糕

1. 原料配方

面粉 1000g、鸡蛋 1500g、白糖 700g、黄油 700g、香草香精 10g。

2. 操作要点

（1）和面　锅中放水、黄油、白糖，烧开后，将面粉倒入锅中，用打蛋机快速搅拌均匀。

（2）打蛋　将鸡蛋打匀，分次将蛋液倒入烫面内用打蛋机充分搅拌均匀。加入香草香精拌匀，混匀后的面糊即为奶油炸糕的面坯。

（3）油炸　将油烧至 150℃，先用一个勺挖一坨面糊（大约有鸡蛋黄大小），用另外一个勺蘸一下油，将勺内的面糊轻轻拨进油内，经温油炸至鼓胀起来，呈金黄色即可捞出。

（4）沥油　沥干油，撒上白糖即可。

二、马铃薯油炸糕

1. 原料配方

马铃薯泥 1000g、熟面粉 800g、白糖 100g、熟芝麻面 100g、豆油 2000g（实耗 200g）、小苏打 10g。

2. 操作要点

（1）马铃薯泥制备　选无芽马铃薯（不用青马铃薯，以免影响口感），利用清水洗净，用去皮机去皮，再用水洗净，上蒸笼蒸熟（不要靠锅边，以免烤煳影响口感）。用搅馅机将熟马铃薯搅成泥（不要有小块）。

（2）熟面粉制备　所用的熟面粉为蒸面。在蒸面时上下蒸笼都要用棍插上孔，以便上下通气。蒸熟后稍冷却即进行筛粉，否则冷却时间长会使面粉结成硬块，筛粉困难。

（3）油炸糕制作　将马铃薯泥、熟面粉与适量的小苏打混合，揉成面团，醒发 10min，分成 30 个剂子，搓圆压扁，用擀面杖擀成饼，厚薄适度，醒发 10min；豆油入锅烧至七成热时，将饼坯沿锅边轻轻放入，炸至金黄色时捞出装入盘中，撒上白糖和熟芝麻面即成。

三、桂花油炸糕

1. 原料配方

（1）皮料　面粉 1000g、热水 500g、泡打粉 10g，花生油 600g。

（2）馅料　白糖 300g、熟面粉 60g、桂花酱 20g。

2. 操作要点

（1）制馅　将白糖与熟面粉、桂花酱拌匀成馅备用。

（2）和面　将清水烧开，先将面粉 900g 倒在锅内，搅拌拌匀，晾透。面团要烫熟、烫透，搅至上劲，面团细腻光亮。再将剩余的面粉 100g 和泡打粉 10g 揉入面团，蘸点花生油揉匀后静置 30min 左右。

（3）制皮、包馅　将面团搓成长条，分摘成每个重约 20g 的剂子。取一个剂子，用双手拍成圆皮，再用左右手配合捏成"凹"形圆皮，包上糖馅捏紧收口，收口要严，以防炸制时露馅。再用双手拍成边缘薄、中间厚、直径 6cm 的圆饼生坯。

（4）油炸 在锅内加入花生油 600g，加热到八成热，炸制时火力不能小，然后放进生坯，用筷子沿锅底轻轻推动，等炸糕浮起后翻动一下，待炸成金黄色即成。

四、耳朵眼炸糕

1. 原料配方

（1）皮料 黏黄米粉 1000g、食用碱 3g、清水 450g。

（2）馅料 赤小豆 300g、白糖 360g、香油 100g、花生油 400g、植物油 180g、食用碱 10g、猪油 1600g。

2. 操作要点

（1）制豆沙馅 将赤小豆洗净，再用清水浸泡至少 6h，赤小豆一定要浸泡充分，用高压锅煮制，以防有硬豆影响口感。根据季节不同可适当调整。再将泡制好的赤小豆冲洗干净，和碱一块放到高压锅内，一次性加足凉水，没过豆子 2～3cm 即可，高压煮制直至酥烂。然后在炒锅中加入植物油 60g，烧至九成熟加入白糖 100g，炒制直到糖变为棕红色为止，将赤小豆倒入炒锅内炒至有大气泡出现，转为中火炒制，炒豆沙时注意经常翻炒，以防煳锅。待水分蒸干变稠厚时，再加入植物油 60g、白糖 160g，炒制待锅中豆沙再次变稠厚时，再加入植物油 60g、白糖 100g，直至颜色褐黑光亮，稠厚不粘锅即可。

（2）面团调制 黏黄米粉放入容器内，加入食用碱拌匀，用温水和成面团。

（3）整形 将黏黄米面团揉匀后分摘成重约 20g 的剂子，按成饼皮，包入豆沙馅，收口要严，以防炸制时露馅。

（4）油炸 在锅内加猪油、花生油、香油烧至五成热，下入炸糕坯，炸至熟透浮起，捞出装盘即成。

五、红薯南瓜糕

1. 原料配方

红薯 1000g、南瓜 1000g、糯米 200～500g。

2. 操作要点

（1）原料选择和处理 红薯选择个大、无破损的红皮品种，去皮，切成片或小块；南瓜选择充分成熟、无破损的扁平瓜，去皮后切成与红薯大小一致的小块或小片，洗净备用；糯米粉碎成干粉备用。

（2）第一次蒸煮　将准备好的南瓜放入锅底，红薯置于南瓜上，旺火煮熟，以筷子能轻易插入薯片为宜，不要煮得太烂。煮南瓜时会有汁水渗出，故不需要额外加水。

（3）搅拌　将煮熟的南瓜和薯片取出，置于稍大的容器或搅拌机内搅拌成泥状。然后撒入准备好的糯米粉，用力搅揉，直至不粘手、表面无裂缝为止。分别拼成长 15cm、直径 3cm 的长圆条。

（4）第二次蒸煮　目的是蒸熟糯米粉。加适量水于蒸笼内蒸 10～15min，蒸熟即可。注意不要让糕条粘在一起。

（5）干燥　将蒸熟的糕条取出晒干或置于烤箱内烤干。

（6）切片包装　将干燥的糕条切成薄片即可密封包装。

（7）油炸　食用时，将薯糕片取出放入油中稍炸片刻即取出。

六、炸豌豆糕

1. 原料配方

豌豆 1000g、籼米 600g、精盐 20g、明矾 16g、菜油 4000g（实耗 400g 左右）。

2. 操作要点

（1）豌豆预处理　豌豆洗净，用明矾水浸泡 10h 左右，再倒入筲箕内铺平，用刀在豌豆上轻轻地砍，每砍 1 次，将粘在刀刃上的豌豆取下，放入另一盛器内。按此方法将豌豆砍完，使每一颗豌豆上面都有一个小口。将籼米洗净，并用清水浸泡 10h 左右，换去浑水，用石磨磨成米粉浆，浓度以刚能流动为宜。

（2）混合　将豌豆、精盐拌入米粉浆中和匀。

（3）油炸　炒锅放置旺火上，放入菜油，烧至七成热时，用特制的勺子（铝皮制的圆盘，直径为 12cm 微呈凹形，也可用一般的饭勺代替），舀起适量的豌豆米浆，用手抹平，然后连勺子一起放入油锅中炸制，待米浆固定成形，自动脱离勺子，将勺子即刻取出。炸至豌豆糕色金黄、酥脆起锅即成。

七、烫面油酥糕

1. 原料配方

（1）皮料　面粉 1000g、热水 450g、猪油 300g。

（2）馅料　白糖 500g、豆油 300g、芝麻仁 100g、糖桂花 50g、青丝 40g、红丝 40g。

（3）炸油　豆油 1700g。

2. 操作要点

（1）制馅　将芝麻仁洗净，炒熟后擀碎，加入白糖 150g、糖桂花 50g、青丝、红丝各 40g，加入适量豆油，搅拌均匀，制成糖馅。

（2）和面　把面粉用热水烫好，揉成面团晾凉，再将猪油全部揉进面团内，揉匀备用。

（3）整形　将面团揉好后分摘成大小均匀的剂子按扁，包入糖馅，收口要严，以防炸制时露馅。再按成扁圆形的饼坯。

（4）炸制　把锅内倒入豆油，加热烧至七成热，炸制时控制好油温，避免炸煳。将饼坯下入油中，炸至呈金黄色浮起时捞出，沥尽油，放盘内撒上白糖即成。

八、方块油糕

1. 原料配方

糯米 1000g、食盐 24g、花椒 40g、味精 4g、精炼油适量。

2. 操作要点

（1）蒸糯米　先将糯米淘洗干净后加入温水浸泡 30min，然后用清水淘洗后装入容器中，加入适量的清水上笼蒸制 30min 左右即熟。注意蒸糯米时要先用温水浸泡糯米一段时间，使其更易成熟，且蒸制时控制好水的用量。

（2）调制面团　将蒸熟的糯米饭倒入大的容器中，加少许冷开水、食盐、味精和花椒搅拌均匀，再将其装进方形的模具中，用力压实。

（3）成形　将压实的米团晾冷后，用刀将其切成厚为 0.8cm 的方块即为生坯。成形时一定要将糯米饭压实，否则切糕时容易散裂。

（4）炸制　将锅加热后，倒入精炼油烧热至五成油温，投入生坯反复翻炸至金黄色即可。

九、玉带酥

1. 原料配方

（1）水油面团　面粉 1000g、猪油 100～200g、清水 500g。

（2）油酥面团　面粉 1000g、猪油 500g。

（3）馅料　五仁馅心 800g。

2. 操作要点

（1）水油面团调制　将面粉放置于案板上，中间刨成凹形，然后加入清水和猪油，待清水和猪油搅拌乳化后，与面粉拌和均匀揉搓成团，盖上湿布醒面即成水油面团。调制时要注意，油水面团的用油量要根据面粉的质量而定，面筋含量高的面粉少加油脂，反之多加油脂。油脂和水要充分乳化，乳化越充分油脂在面粉中分布越均匀，面团性能达到一致，质地光滑细腻，便于操作。水量、水温要适当，面团的用水量应根据面粉质量和用油量多少而变化。用油量增加，水量减少；面筋含量增加，用水量增加。一般面团调制好后，面团温度应控制在 22～28℃为宜。因此，调制面团时应根据季节、气温的变化而定水温。

（2）油酥面团调制　将面粉放置在案板上，加入猪油，用双手揉匀成团即成油酥面团。油酥面团的软硬应与水油面团一致。调制时要注意油酥面团的软硬应与水油面团一致。

（3）制皮　将水油面团包油酥面团，按成圆饼状，用擀面杖擀成牛舌形，对叠擀薄，由外向内卷成圆筒状，再用刀切成 5cm 长剂子，切剂子时一定从中间对切，包制时酥纹要在表面，中间不能有死面。将剂子用刀切为两个半圆形长条，半圆形长条的剖面向下，把两端抄拢按成圆皮。

（4）成形　取制好的面皮包入五仁馅心，收口处向下，按成圆饼状即成生坯。

（5）油炸　将平底锅置小火上，放入猪油烧至三成热，炸制时油温不宜过高，火候也不能太小。放入饼坯炸制，炸时不断用勺舀油淋在浮面的饼坯表面上，待饼坯不浸油、色白、起酥层、不软塌时起锅即成。

十、一品烧饼

1. 原料配方

面粉 10kg，白糖 3kg，桂花 200g，芝麻 1kg，核桃仁 250g，青梅 250g，小苏打粉适量，花生油 250g，花生油 25kg（油炸时大约消耗 3.5kg）。

2. 操作要点

（1）和面　盆内放入面粉 300g，把烧至六七成热的花生油 250g 倒入面粉盆内搅拌成油酥面，晾凉。

（2）制馅　碗内放入面粉 50g，核桃仁、青梅均切成小丁放入，再加入白糖、桂花、芝麻油一起拌匀成馅。

（3）成形　小苏打粉放入盆内加温水和其余的面粉和成面团，略饧，擀成大面片，包上油酥面，卷成卷，搓成条，摘成每个约 25g 的小面剂，按扁包入馅料，即成一品烧饼生坯。

（4）油炸　锅内倒入花生油，在火上烧至 6 成热时，分批下入烧饼坯子，炸约 8～9min，呈金黄色时捞出即可。

十一、萝卜丝饼

1. 原料配方

面粉 1000g、萝卜 1000g、火腿 200g、猪油 500g、炸油 1000g、芝麻仁、油盐、葱花、味精各少许。

2. 操作要点

（1）制馅　先将萝卜用水洗净，削去外皮，擦成细丝，用开水焯一下，捞出，凉水浸泡，拔净异味，压去水分，盛进盆内；再放入火腿、猪油 100g，盐、葱花、味精拌匀，即萝卜丝馅。

（2）整形　将猪油 200g 加入 400g 面粉内调成干油酥。用600g 面粉加水和猪油少许调成水油酥（软硬相同）。把干油酥和水油酥分别下成 25g 的剂子，用小包酥方法包好，按扁，擀长，卷起再擀，再卷起擀成圆形，按扁包入馅，再按扁成烧饼形，刷上水，沾上芝麻仁，即成生坯。

（3）油炸　在锅内放入猪油，烧至四五成温热，下饼、转动，待饼浮起，稍炸一会，即可捞出。味道鲜美，别有风味。

十二、豆沙酥饼

1. 原料配方

面粉 1000g、豆沙 250g、芝麻 250g、猪油 300g、鸡蛋 500g、花生油（油炸用）400g。

2. 操作要点

（1）和面　先用面粉 400g 加猪油 200g，擦成干油酥；再用面粉 600g 加猪油 100g，温水 400～450g 调成水油酥；按 4∶6 比例（干油酥四成、水油酥六成）大包酥，擀成薄片，一叠三层，再擀成片，卷紧成直径 3.3cm（1 寸）左右的圆筒，用快刀切成 60g 重的短筒，再在短圆筒的中央，直切一刀为两个半圆剂子，切面向外，擀成圆形皮，包入 15g 豆沙馅，收紧口后，按成饼形，在收口处涂上蛋液，粘上芝麻。

（2）油炸　整形好后进行入锅油炸，油温要低，一般为四五成热（先将油熬热降至需要油温），下时，剂口朝下向锅底放下去，随之转动一下，防止粘底，用文火缓炸，酥饼浮上，翻个身，按情况将火逐步加大，油温升高，饼呈淡黄色，表面起硬壳，即为成熟，迅速捞出。

3. 注意事项

（1）掌握好干油酥和水油酥的比例。

（2）掌握好油温，开始要低（高了发硬不酥），饼浮上后发觉太酥时，又要及时提高油温，防止炸散，酥层开裂，漏馅。

十三、芝麻煎堆

1. 原料配方

玉米面 1000g、糯米粉 1000g、芝麻 300g、豆沙馅 750g、白糖 400g、猪油 250g、植物油 2500g（实耗 300g）。

2. 操作要点

（1）和面　将玉米面用开水冲烫，拌成糊状，然后与糯米粉混合，加入白糖、猪油，并徐徐加水拌和，揉匀，稍饧。

（2）整形　将饧好的面团搓成长条，揪成 15 个剂子，逐个压扁，包入少许豆沙馅，再揉圆，滚满芝麻，即成煎堆生坯。

（3）油炸　将锅置火上，倒入植物油，烧至七成热，把煎堆生坏投入，慢慢炸至呈金黄色即成。

3. 注意事项

炸煎堆油温不宜过高，要用文火温油慢慢炸熟，否则芝麻易炸糊。

十四、油炸枣仁酥

1. 原料配方

（1）水油面　中筋面粉1000g、猪油120g、糖适量。

（2）油酥面　中筋面粉1000g、猪油480g。

（3）馅料　枣泥馅1000g。

2. 操作要点

（1）制水油面团　将猪油和水投入中筋面粉中，用温水先将油和糖拌匀，加粉揉制成团，略饧制一会。

（2）制油酥面团　将中筋面粉和猪油放在案板上用掌根擦匀擦透。

（3）包酥　将水油面团搓揉成团，按扁，包进干油酥，捏紧，收口朝上。撒上少许干粉，按扁，用擀面杖擀成长方形薄皮。然后将长方形薄皮由两边向中间叠为3层，叠成小长方形。再将小长方形擀成大长方形，顺长边由外向里卷起，卷成筒状。卷紧后搓成长条，摘成20个剂子。从中间切开，切口朝下，擀成薄网形。

（4）包馅成形　取油酥皮一小块，中间放枣泥馅，捏成枣形。

（5）油炸　将成形好的坯料倒入温油锅内进行油炸，炸制成熟即可。

第二节　油炸松酥类

一、炸开口笑

1. 原料配方

面粉1kg、炸制食用油1kg、饴糖300g、白砂糖100g、鸡蛋100g、芝麻仁100g、调制面团用油50g、小苏打10g。

2. 操作要点

（1）面团调制　将鸡蛋、小苏打、饴糖、白糖、调制面团油和适量水放入盆中，充分搅拌均匀溶化，然后倒进面粉，拌和均匀，揉搓成团。注意，揉搓要适度，不可过多揉搓，否则，炸时不开口，不膨松，不美观。

（2）下剂　将调制好面团放到案板上，搓成粗长条，按要求下剂，一般一个剂子 40g 左右。

（3）成形　将剂子揉成圆球形；放入盛有芝麻仁的盆内，使之均匀粘上芝麻仁，即成开口笑的生坯。

（4）油炸　将生坯放入油锅炸，炸至开口笑生坯慢慢炸成老黄色、开口时即可。注意，下锅油温要控制好，油温过高，成品容易不开口；油温过低，容易炸碎。油炸过程中不要过多搅动，稍翻动即可。

二、马铃薯乐口酥

1. 原料配方

马铃薯 10kg、淀粉 1.5kg、糖 0.8kg、香甜泡打粉 150kg、奶粉 100g、食盐 100g、调味料适量。

2. 操作要点

（1）选料、清洗　选用无芽、无冻伤、无霉烂及无病虫害的马铃薯为原料，放入清洗池或清洗机中，洗去泥沙。

（2）去皮　用去皮机将马铃薯皮去掉或采用碱液去皮法去皮。如果生产量较小，可蒸熟后将皮剥掉。

（3）蒸熟　利用蒸汽将马铃薯蒸熟。为缩短蒸熟时间，可将马铃薯切成适当的块或条。

（4）搅拌、配料　利用绞肉机或搅拌机将熟马铃薯搅成马铃薯泥，然后按照配方加入其他原料，搅拌均匀后，放置一段时间。

（5）漏丝、油炸、调味　将糊状物放入漏孔直径为 3～4mm 的漏粉机中，其压出的糊状丝直接掉入 180℃ 左右的油炸锅中，压出量为漂在油层表面 3cm 厚为宜，以防泥土入锅成团。当泡沫消失后便可出锅，一般炸 3min 左右。当炸至深黄色时即可捞出（炸透而不焦煳），放在网状筛内，及时撒入调味料，令其自然冷却。

（6）烘干　将炸好的丝放入烘干房内烘干，也可用电风扇吹干，一般吹 1～2 天，产品便可酥脆。

三、红薯笑口酥

1. 原料配方

红薯和砂糖各 1000g、面粉 800g、香甜泡打粉 40g、植物油 200g、芝麻适量。

2. 操作要点

（1）和面　将红薯洗净、去皮、蒸熟，同面粉、香甜泡打粉一起揉和均匀形成面团。然后凉透。

（2）整形　将揉匀的面团分切成小块，分成大小相等的小剂子，将面团揉搓光滑，搓成球状。

（3）粘芝麻　将小面团在盛芝麻的盘里滚一下，表面均匀粘上芝麻。

（4）油炸　将油倒入锅中，烧至五成热的时候将面团放入锅中，文火炸，在炸制的过程中会慢慢膨胀，开裂。待通身金黄，就可以出锅了。

四、豆沙麻团

1. 原料配方

吊浆粉 1000g、澄粉 200g、豆沙馅 400g、白糖 300g、白芝麻 200g、泡打粉少许、猪油 200g、豆油 500g。

2. 操作要点

（1）调制面团　先将白糖加入适量的开水溶化成糖液待用。将澄粉加入适量的沸水烫成较软的熟面团，然后与吊浆粉、少许泡打粉和少许猪油一起，加入适量的糖液调制成软硬适中的面团，分成剂子即成皮坯。

（2）包馅成形　取和好的面皮坯，用手按成凹形，包入豆沙馅封口捏成球状体，并将其搓圆立即放入白芝麻中，使其表面均匀地粘裹上一层芝麻并搓紧即成生坯。包馅成形时要将豆沙包于正中央，且芝麻要搓紧。

（3）炸制　将锅放到火上加热，再加入较多的豆油烧至二成热时，放入麻团生坯慢慢浸炸，炸至麻团浮面，再升高油温炸至麻团色浅黄、皮酥脆即可起锅。炸制时把握好油温，不宜过高。

五、薄酥脆

1. 原料配方

大米 10kg、玉米淀粉 80g、糖 70g、柠檬酸 15g、盐 0.8kg、起酥油 25g、二甲基吡嗪（增香剂）2.5g、辣椒粉 0.5kg、花椒粉 0.5kg、牛肉精 70g、虾粉 170g、苦味素 5g、五香粉 4g。

2. 操作要点

（1）原料处理　将大米去杂，用清水冲洗干净。

（2）蒸煮　将洗净的大米以料水 1∶4 的比例，在压力为 0.15～0.16MPa 的压力锅内蒸煮 15～20min。

（3）增黏　在熟化后的大米中加入玉米淀粉混合均匀。熟化大米与玉米淀粉质量之比为 100∶1。

（4）调味　将调味料按配方的比例配合，与熟化大米、玉米淀粉混合搅拌均匀。

（5）压花切片　用压花模具将大米压成厚度基本上维持在 1mm 以下的薄片，局部加筋。筋的厚度为 1.5mm，宽度为 1mm，间隔为 6mm。再用切片机切成 26mm×26mm 的方片，大米薄片的两端成锯齿形。

（6）油炸　用棕榈油油炸，当油加热到冒少量青烟时放入薄片，油温应控制在 190℃，炸制 4min 左右出锅。

（7）包装　油炸后经沥油冷却，用铝箔聚乙烯复合袋密封包装即为成品。

六、香酥片

1. 原料配方

（1）主辅料　籼米粉 10kg，淀粉 1.1kg，糖 0.33kg，水 5.5kg，精盐 0.22kg。

（2）调味料

① 麻辣味　辣椒粉 30%，味精 3%，胡椒粉 4%，五香粉 13%，精盐 50%。

② 孜然味　盐 60%，花椒粉 9%，孜然 28%，姜粉 3%。

2. 操作要点

（1）配料、搅拌　将 80 目的籼米粉与淀粉混合搅拌后，过筛使其混合均匀，然后根据季节和米粉的含水量加入50%左右的水，应一边搅拌，一边慢慢地加入水，使其混合均匀，成为松散的湿粉。

(2) 蒸糕　将湿粉放入蒸锅的笼屉上，水沸后，上锅蒸5～10min，料厚一般为10cm左右，若料较厚可适当延长蒸糕时间，一般蒸好的米粉不粘屉布。

(3) 捣糕　将蒸好的米粉放入锅槽中，搅拌后用木槌进行砸捣。要砸实，使米糕有一定的弹性，及时用液压机或压糕机将米糕压成2～5cm厚的方糕。

(4) 切条　捣糕后用刀切成5cm宽的条，移入另一容器，盖上湿布，放置24h。

(5) 冷置、切片、干燥　待米糕有弹性，较坚实后，将糕条切成1.5mm左右的薄片，进行干燥，可采用自然风干，也可人工干燥。50～70℃干燥3h，自然风干一般需1～2天，待完全干透后再进行油炸。

(6) 油炸　油炸最好采用电炸锅，易控制温度，用一般的铁锅也可。通常用棕榈油，也可用花生油和菜子油。当油加热到冒少量青烟（即翻滚不浓烈）时，放入干燥后的薄片。加入量以均匀地漂在油层表面为宜，一般炸1min左右，当泡沫消失时，便可出锅。

(7) 调味　离开油锅后应立即加调味粉，调味料均匀地撒到薄片上，这一点很重要。因为在这个时候油脂是液态的，能够形成最大的黏附作用。

(8) 冷却、包装　调味后将成品冷却到室温，再进行包装。

七、馓子

1. 原料配方

高筋面粉1000g、温水500g、白糖100g、花椒水20g、精盐14g、食用油2000g。

2. 操作要点

(1) 和面　将高筋面粉内加精盐、白糖、花椒水、400g温水和成面团，反复揉搓，随揉随加余下的水直至面团细密无粒。但要选用高筋面粉，并且面团一定要揉匀，这样拉伸时才不会断开。

(2) 一次发酵　将和好的面团放入容器中，盖上湿布醒发大约

20min 左右。

（3）二次醒发　将醒好的面压成扁状（厚1～2cm），再切为宽1.5cm 的长条，揉成筷子粗细后，将其放在抹好油的盆中，每盘一层刷一层油以防粘连，刷油一定要均匀，防止粘连。待全部盘完后用布盖上醒 50～60min。

（4）成形　将盘好的条取出，条头放在左手食指根处用拇指压住，由里向外绕在其余 4 个手指上，随绕随将条拉细。约绕 30 圈左右，将条揪断。断头压在圈内，再用两手食指伸入圈内拉长2/3，然后用两根筷子代替两个食指把两端绷直即为生坯。

（5）油炸　在锅内倒入食用油加热到七成热，炸制时要控制油温，以防炸煳。下入馓子生坯炸至半熟时斜折过来，定型后抽出筷子，炸至金黄时捞出即成。

八、酥麻花

1. 原料配方

面粉 1000g、酵母 18g、白砂糖 100g、鸡蛋 220g、色拉油 2100g、食用碱 1.8g、白矾 0.8g、小苏打 0.5g。

2. 操作要点

（1）和面　先将面粉、酵母、白砂糖、鸡蛋、色拉油倒入和面机容器内，再加入 330g 左右的温水和成面团揉匀，揉光，饧发40min 即可。

（2）整形　把发好的面团加入食碱揉匀揉光后即可搓成条，揪成大小均匀的剂子，再搓成长短粗细均匀的条抹上油，饧一会即可，用两手同时朝正反两方向搓成长条后，两头对齐朝上提起自然拧成麻绳状，再朝反正方向搓紧后，两头对齐叠并自然拧紧，将剂子头用拇指按紧即成生麻花，逐个搓拧好。

（3）油炸　将锅上火加色拉油烧四五成热后，即可下入生麻花坯料，炸至呈金黄色为止，炸透捞出控油后，装盘即可。

九、天津大麻花

1. 原料配方

面粉 10kg、植物油 4.8kg、芝麻 3kg、白糖 2.7kg、老肥200g、姜片 600g、桂花 600g、青丝 300g、红丝 300g、食碱 60g、

糖精 20g。

2. 操作要点

(1) 面肥制备　在炸制麻花的前 1 天，用 1400g 面粉加入 200g 老肥，用 1600g 温水调搅均匀，发酵成为老肥，以备次日使用。

(2) 糖水制备　用 800g 水将 1400g 白糖、40g 食碱和糖精用文火化成糖水备用。

(3) 酥面制备　取 1400g 面粉，用 1000～1400g 热油烫成酥面备用。

(4) 芝麻预处理　取 3000g 芝麻，用开水烫好，保持不湿、不干的程度，准备搓麻条用。

(5) 和面　用烫好的酥面，加入白糖 1300g、青丝、红丝各、桂花、姜片 300g 和食碱 20g，再放入冷水 700mL。搅匀，将面搅拌到软硬适用为度。再将剩下的面粉倒入搅拌机内，然后把前 1 天发好的老肥倒入和面机内，加入化好的糖水，再根据面粉的水分大小，不同季节，倒入适量冷水，和成大面备用。

(6) 饧发、整形　将大面饧发好，切成大条，再将大条送进压条机，压成细面条，然后揪成长约 35cm 的短条，并将条理顺。一部分作为光条，另一部分揉上芝麻做成麻条。再将和好的酥面作成酥条。按光条、麻条、酥条 5：3：1 匹配，搓成绳状的麻花。

(7) 油炸　将油倒入油炸炉内，用文火烧至温热时，将麻花生坯放入油炸炉内炸 20min 左右。

(8) 挂小料　麻花呈枣红色，麻花体直不弯，捞出后，还可以在条与条之间加挂适量的冰糖渣、瓜条等小料即可。

十、油饼

1. 原料配方

面粉 1000g、食盐 20g、小苏打 6g、发酵粉 6g、豆油 2000g（实际油炸消耗 60g）。

2. 操作要点

(1) 和面　将面粉、食盐、小苏打和发酵粉倒入和面机的容器内，再加入冷水，中速搅拌均匀，要使面团达到最柔软又不粘盆内壁的状态。

（2）发酵　在面团表面刷一层油防止失水干皮，放在室温下饧
2～3h（冬天可以提前一夜制作面团）。

（3）整形　取一个大平盘刷油，用手揪出一小团面，放在盘子
中用手指擀平压薄。并在面饼中心划开3道口子。

（4）油炸　旺火加热炸锅中的油，至冒烟。把生面饼平放入油
锅，先炸透一面，再翻炸另一面，两面焦黄即可捞出沥干油分即为
成品。

十一、黄金大麻饼

1. 原料配方

面粉1000g、酵母18g、葱花100g、芝麻100g、椒盐18g、豆
油1660g、食碱1.3g。

2. 操作要点

（1）和面　先将面粉加入酵母，用温水和成面团揉匀，保持
30℃温度饧发30min左右，即加入食碱揉均匀备用。

（2）整形　把面团压扁洒上面粉，擀成长方形薄片，上面均匀
地刷上油，洒上葱花、椒盐并用手抹均匀，从左向右卷起来后，再
立起来，压平擀开成直径30cm左右、薄厚均匀的饼形，上面抹些
水，洒上芝麻即可。

（3）蒸制　将整形好的坯料放在铺好笼布的笼屉上，旺火蒸
30min取出晾凉。

（4）油炸　将锅上火，加豆油后烧热，将晾凉的饼放在走勺上
下入油中炸至呈金黄色捞出，切成块装盘即成。

第三节　油炸水调类

一、炸大排叉

1. 原料配方

（1）原料　富强粉10kg、标准粉10kg、生油2.5kg、食盐
100g，芝麻、水各适量。

（2）油炸用油　食用油20kg。

2. 操作要点

（1）面团调制　将生油、盐和芝麻放在和面机内加水搅拌均匀，然后加入富强粉和标准粉，充分搅拌均匀，制成面团。

（2）擀片　将调制好的面团分成小面块，并将小块面擀成极薄的长方形面片。注意，擀片要厚薄均匀。然后切成 2.5cm×4.5cm 的小长条形面片。

（3）成形　将两片小长方形面片重叠在一起，沿着其长边平行下刀，然后将一边从中间切口中翻套，便可成形。

（4）油炸　将成形后的面坯放入油炸锅中炸制，油炸到表面呈棕黄色时即可捞出。

二、姜丝排叉

1. 原料配方

（1）原料　面粉 1000g，姜丝 75g，鸡蛋 5 只，黑芝麻 25g，盐 10g，白糖 50g。

（2）油炸用油　食用油 1000g。

2. 操作要点

（1）和面　取面盆一个，将面粉、鸡蛋、白砂糖、姜丝和清水搅样均匀，再加入黑芝麻后将面粉揉上劲，备用。

（2）切面　将和了姜丝的面皮擀薄（2mm）后，用刀将面片切成长 15cm、宽 7cm 的菱形条。

（3）整形　将面片的一端从划开的地方穿过去，然后把整个面片扭结成花形备用。

（4）油炸　把整形好的花形面片在 180℃下油炸，油炸成金黄色。

三、炸元宵

1. 原料配方

（1）原料　市售新鲜元宵 1000g、白糖少许。

（2）油炸用油　植物油 2000g。

2. 操作要点

（1）扎孔　用针锥将买来的元宵扎孔若干，以防炸时爆锅溅油。

（2）加热　加热食油，锅内的油六七成熟时，将元宵分两次炸制。

（3）油炸　待元宵呈浅黄色时，用竹筷翻动，使之受热均匀，再炸至金黄时，表面开始有小泡泡出现，即捞出沥油装入盘中。

（4）加糖　在炸好的元宵上放适量白糖。

四、波丝油糕

1. 原料配方

面粉 1000g、冻猪油 600g、蜜枣 500g、蜜玫瑰 50g、清水 800g、熟菜油 2000g（耗 100g），白糖、化猪油适量。

2. 操作要点

（1）制馅　蜜枣上笼蒸软，去核擦成蓉，加入白糖、蜜玫瑰、化猪油拌匀，制成直径 2cm 的长条，搓成圆球即成馅心。

（2）制皮　清水入锅烧沸即用中火，将水搅转，面粉过筛后陆续投入，并不停地搅动，待面粉全部入锅烫熟，收干水汽后，倾在案板上摊开晾冷，加入冻猪油 200g 搓匀后，再加冻猪油 200g 继续搓揉，最后加冻猪油 200g 揉到面粉和油混为一体，手感柔软无弹性即成皮坯。

（3）包馅成形　取皮坯一个置于手掌上，用拇指将皮坯中间压成凹形，放圆形馅心，从交口处用手轻轻按成饼状即成。

（4）炸制　锅置旺火上加菜油烧至六成热时，将饼坯贴锅边滑入油中，并用竹筷不断拨动待顶部向上突起，显蜘蛛网状、色金黄、不软塌即成。

五、蛋皮春卷

1. 原料配方

面粉 1000g、鸡蛋 200 个、食盐 25g、水淀粉 125g、猪肉 1500g、韭黄 250g、绿豆芽 250g、罐头冬笋 250g、香油 75g、味精 10g、胡椒粉 10g、料酒 75g、酱油 75g、精炼油 5000g（约耗 500g）。

2. 操作要点

（1）调制面浆　鸡蛋磕开，搅打成蛋液。把蛋液和食盐加入面粉中，再分次加入适量的清水，搅拌均匀，调成无粉粒的较稀的浆，最后加入水淀粉搅匀即成蛋面浆。

（2）制馅　将猪肉和罐头冬笋分别切细丝，韭黄切成寸段，豆芽焯水晾凉。锅置火上，放少许精炼油烧热，下猪肉炒散，再加料酒、食盐、酱油炒干水分，再加冬笋翻匀起锅，冷后加调料和绿豆芽及韭黄拌匀即成馅心。

（3）制皮　锅置小火上，不断转动使之受热均匀，再用布蘸少许油脂炙锅。将锅端离火口晾至微热，倒入少许蛋面浆，逆时针转动平锅使之均匀粘上一层蛋面浆，再将锅置火上不断转动，使蛋面浆受热成熟，立即取出放入盘内。待摊完后再用刀均匀地交叉划 3 刀，使每张蛋皮成 6 瓣。

（4）包馅成形　取少许面粉加水调成面糊备用。取一张面皮，贴锅面向上、尖角向外放在案板上，将馅心放在靠近弧边的位置，卷一圈后将左端向内包叠，再卷一圈将右端也向内包叠卷成春卷形，交口处抹上少许面糊粘紧即成生坯。

（5）油炸　放油烧至六成热，下春卷不断翻炸，炸至色黄皮酥起锅。

六、荠菜春卷

1. 原料配方

（1）皮料　面粉 1000g、清水 400g。

（2）馅料　荠菜 700g、猪肉 400g、稀面糊 200g、湿淀粉 200g、芝麻油 80g、酱油 60g、味精 20g、精盐 10g、菜子油 800g、冷水 850g。

2. 操作要点

（1）面团调制　将面粉放入容器内，加入冷水搅拌均匀，再加入冷水（淹没面团约 3cm）浸泡约 10min，沥去水。

（2）制春卷皮　在平锅上涂一层油后加热，用手抓起面团，手中面团往平锅上抹时，要在手中不停地甩动，一是为了使面团上筋，二是防止漏掉稀面，如发现平锅上的面皮有小疙瘩时，可用手中的余面团粘掉或用手抹平。然后在平锅上轻轻一抹成直径约 12cm 的圆面皮，面团即在平锅上粘成一层薄皮，手中余面放回，待平锅上的面皮边缘微张，用手揭下，即成春卷皮。做好后放在盘内，盖上湿布。

（3）制馅　将荠菜择洗干净，用沸水烫一下，剁碎；猪肉切成黄豆大的丁。

（4）拌馅　把猪肉丁放入锅内炒散，加冷水 850g，旺火煮沸后用湿淀粉勾芡，待烧至呈糊状时，盛出晾凉，加入荠菜、酱油、味精、芝麻油拌匀，即成馅料。

（5）包馅　取春卷皮一张，包入馅料大约 20g 左右，手沾稀面糊，抹在春卷皮的周围，包卷成长方扁平状，用手将两头轻按一下使封口粘牢，春卷收口处一定要用稀面糊粘紧，以防炸制时散开。

（6）油炸　把锅放在旺火上，倒入菜子油 800g，加热到七成热时，下春卷生坯，炸春卷时要不停翻面，保证两面颜色均匀。油炸约 3min 左右后，呈金红色时即成。

七、黄金大饼

1. 原料配方

面粉 1000g、食用油 800g、清水 400g、芝麻 300g、鸡蛋 200g、酵母 20g、泡打粉 10g、椒盐 10g。

2. 操作要点

（1）和面　将面粉加水、泡打粉、酵母和匀，稍微醒发，大约发酵 5min 左右。

（2）整形　将发酵好的面团擀成薄片，刷上一层油，撒上少许椒盐，卷成长卷，揪成剂子后制成圆形面饼。把鸡蛋打散后刷在面饼上，面饼粘上芝麻后，芝麻粘裹要均匀，发酵大约 10min。

（3）蒸制　将面饼放到蒸锅内，大火蒸 15min 左右至熟，取出备用。

（4）油炸　先将锅内加入油，加热到四五成热时，将蒸好的面饼放到油锅中，炸至面饼表面呈金黄色即可起锅。炸制过程中不能掉芝麻，控制油温，以免炸煳。将炸好的大饼改刀，产品具有色泽金黄，香脆可口的特点。

第四节　油炸酥皮类

一、炸酥盒子

1. 原料配方

（1）皮料　面粉 1100g、猪油 1500g、白糖 50g、炸制用

油 600g。

（2）酥料　面粉 1400g、猪油 550g。

（3）馅料　枣泥馅 1500g。

2. 操作要点

（1）和面　将面粉、猪油和适量水调和均匀，静置 10min。

（2）制酥　将面粉、猪油放在一起，擦匀搓透，硬度适中。

（3）包酥成型　包制时将面团搓成条，摘成小剂，包入适量油酥，然后擀成椭圆皮，先三折，再对折，掉转 90°，擀成长 15cm 左右，从上端向下卷 13cm，再横转 90°，将所余 2cm 擀长，将圆柱两端封起，稍按扁，放倒，横向居中切开。露出酥层，将酥层蘸上干粉，酥层向上，按平擀成薄片。将云心花纹朝外，将馅放在中间，周围刷水，再擀一个面皮，沿圆周捏出花边，云心仍朝外，覆盖在刷水的面皮上，捏成四周薄中间鼓的圆饼。

（4）炸制　将生坯放到 120～135℃油炸炉中油炸，油炸到生坯浮出油面后捞出沥油，即为成品。

二、炸韭菜盒

1. 原料配方

韭菜 1000g、虾仁 1000g、烧卖皮 200 份、太白粉 65g、盐 15g、鸡粉 15g、糖 60g，香油、胡椒粉、葱各少许。

2. 操作要点

（1）虾仁预处理　先将洗净的虾仁，冲洗 20～30min，或将虾仁置于冰块水中，不停搅动 20～30min 后，沥干备用。稍微摔一下虾仁，至虾仁出现些许黏性即可。

（2）韭菜预处理　将韭菜切成碎断状，用热水烫一下，再用冰水急速浸泡，使之冷却，沥干后，尽可能将水分挤出备用。

（3）制馅　将上述虾仁、韭菜与盐、鸡粉、糖、香油、胡椒粉、葱、太白粉搅拌均匀。

（4）包馅　烧卖皮以上下覆盖方式，每一份包入一整尾虾与馅料，四边再轻压密合。

（5）油炸　将包馅好的烧卖用热锅炸成金黄色即完成。

三、炸莲蓉酥角

1. 原料配方

（1）皮料　富强粉 10kg、猪油 2kg、清水 3kg。

（2）酥心　富强粉 5kg、猪油 2.5kg。

（3）馅料　莲蓉 15kg。

2. 操作要点

（1）面团调制　将富强粉过筛后，放在案板上围成圆形。中间放入猪油、水搅匀，然后将外围富强粉混入，搓到纯滑有筋，不粘手，即成水油皮。

（2）调制酥心　将富强粉、猪油混合擦匀即成酥心。

（3）成形　把水油皮、酥心分成相等数量，以皮包馅，角坯要锁花边。

（4）油炸　将生坯放入油炸锅中油炸至奶黄色出锅即可，油温为 160℃左右。

四、广式千层酥

1. 原料配方

面粉 10kg、白糖 3kg、猪油 3.2kg，水、香油各适量。

2. 操作要点

（1）酥面制备　把猪油 2000g 和适量水放到和面机容器内，搅拌均匀后，加入面粉 4000g 继续搅拌，使面粉充分吸水，面筋形成至面团软硬合适即可。面团调制好后，用湿布盖好，防止水分蒸发。

（2）皮面制备　将 6000g 面粉放进盆内，加 1200g 猪油用手搓开擦透，再倒入冷水和面，制成皮面备用。

（3）成形　将皮面与酥面放到案板上，分别做成 100 个剂子，然后逐个用皮面剂子包入酥面剂子，用小擀面杖擀成 30cm 长、6cm 宽的薄片（越薄越好）。然后用刀在面片中间顺长划成两半，面上抹匀香油，分别在手指上盘卷成圆形，然后再将露酥的一端翻出。做成一定形状。

（4）油炸　油温控制在 150～160℃，油炸时间 7～8min 即可，捞出撒上白糖即可。

五、月亮虾饼

1. 原料配方

虾仁 1000g、春卷皮 80 张、猪肉 500g、火腿 500g、荸荠 500g、鸡蛋 500g、香菜 100g、中筋面粉 100g、胡椒粉 12g、花生粉适量、甜辣酱适量。

2. 操作要点

（1）制馅　将虾仁、猪肉、火腿、荸荠及香菜洗净处理好后切碎，加入鸡蛋、胡椒粉、盐、面粉拌匀，制成馅料。

（2）包馅　将一张春卷皮摊平，铺上 1 大匙花生粉，再将馅料舀入（约 2 大匙）铺平，在盖上一张春卷皮紧压，切成适当大小，在饼子上扎几个眼，让气体跑出，油炸时候才不会变形。

（3）油炸　将包馅后的坯料放到预热到 190℃ 的油锅里油炸 2min 左右，表面呈现金黄色后捞起，沥干油，并淋上甜面酱即可食用。

六、泡儿油糕

1. 原料配方

面粉 1000g、色拉油 220g、白糖 220g、熟面粉 170g、熟大油 100g、青红丝 55g、熟芝麻 55g、核桃仁 55g。

2. 操作要点

（1）和面　先把锅上火，加入 1770g 水和 220g 色拉油，烧开再把面粉铺在水上面，然后盖上盖蒸 15min。再把蒸煮好的面粉用筷子和水搅拌均匀，倒在案板上晾凉，洒上水用手搓压，反复多次使面团均匀，揪成 30 个剂子备用。

（2）拌馅　先把青红丝切末，核桃仁洗净切碎，果脯切碎放在一个容器内，加入白糖、熟芝麻、熟大油、熟面粉，加点水拌匀即可成馅。

（3）整形　将面剂子用手捏压包入馅，捏拢口放在手掌心，再用右手掌压成中央厚、边薄的小饼，直径约 8cm，逐个包好后放在走勺上备用。

（4）油炸　把锅加热热，加入炸油烧至七八成热时，放入小饼炸至起泡，炸透即捞出装盘。

1. 原料配方

枇杷梗粉 10kg、饴糖 2kg、蒸熟小麦粉 1kg、白砂糖 2kg、绵白糖 4kg、植物油 5kg、水和桂花各适量。

2. 操作要点

（1）面糖浆熬制　将白砂糖、适量水加入到不锈钢夹层锅中搅拌均匀，加热使糖充分溶解，再加入饴糖熬煮，糖浆熬至 120℃左右即可。但不能使用铁锅，容易下锈，颜色发黑，影响最终产品质量。

（2）米粉面团调制　将白砂糖、饴糖、适量水放在锅内，搅拌均匀并煮开，然后加入 7％左右的枇杷梗粉，调成糊状，得到底糖浆。注意，加热过程中不停地翻动，以防粘锅焦化。将剩余的枇杷梗粉加入底糖浆中，经充分搅拌形成软硬适度的米粉面团。

（3）成形　将调好的米粉面团分块，用轧皮机滚压成厚 8mm 左右的米粉面片，再经机械切条。或者手工用擀筒将面团擀薄，切成宽约 8mm、长约 3cm 的均匀条状生坯。

（4）油炸　将生坯放入油炸锅中油炸，油温一般为 180℃。为了防止沸油溢出和生坯在油锅里黏结，将生坯倒在笊篱背面慢慢倾入油锅中，生坯遇高温迅速膨胀，浮出油面，这时用笊篱不停地搅动，使生坯受热均匀，色泽一致，待呈金黄色时，捞出油锅。

（5）上浆、拌糖　将桂花放入熬制好的面糖浆中，然后将面糖浆浇在炸好的枇杷梗坯上拌和，再加绵白糖拌和，使枇杷梗表面均匀地粘一层绵白糖。

（6）冷却、包装　制品经过充分冷却后，筛去表面的余糖，进行包装。

二、小麦粉萨其马

(一) 方法一

1. 原料配方

面粉 10kg、花生油 10kg、鸡蛋 5kg、白糖 5kg、饴糖 2kg、小苏打 50g、青梅或青红丝少许。

2. 操作要点

(1) 和面　面粉倒入盆内，加入调散的鸡蛋和小苏打，搅拌均匀，揉制成蛋面团。

(2) 擀制　用擀面杖擀长方形的薄片，先切成约 3cm 多宽的长条，再切成 0.3cm 宽的细蛋面条。

(3) 油炸　在锅内倒入花生油，烧至八成热油，将蛋面条下入，炸至膨松发脆，呈乳黄色出锅。

(4) 熬糖　用另外一口锅架火上，放入白糖，加少量的水，煮开后，投入饴糖，熬至一定黏胶状（取一滴糖浆滴入冷水中，能纺成块，出水不脆为度）。

(5) 上糖浆、搅拌　倒入油炸好的蓬松蛋面条和糖浆充分搅拌均匀。

(6) 成形　倒入木框内（或方盘内），压平、压实，再把青梅或青红丝撒在上面压平。

(7) 冷却　晾凉后切成约 5～10cm 见方的方块即成。

(二) 方法二

1. 原料配方

(1) 面团料　面粉 1000g、白砂糖 850g、植物油 780g、鸡蛋 700g、桂花 50g、小苏打 1g。

(2) 装饰料　面粉 200g、芝麻 100g、葵花子 100g、青梅 100g、葡萄干 100g、青红丝 15g、小苏打 1g。

2. 操作要点

(1) 和面　制面团时面粉要过筛，在粉堆中央开凹糖，把鸡蛋磕入容器内搅打后倒进凹糖，同时用水先溶化小苏打，掺入面粉，然后加水把面粉调成面团（面团用水应保持 20～40℃），再揉至光滑，静放 30min。

（2）切条　将静放 30min（即醒面）后的面团擀成 3mm 厚的薄片，切成约 10cm 长、3cm 宽的面条，抖去干粉待油炸。

（3）炸制　油炸炉烧至 160℃，然后投入面条，炸至黄色捞出，滤去余油待用。

（4）熬糖浆　将白砂糖加适量的水投入锅内烧开（糖水之比为 10：14），当烧至 114～116℃时舀出。

（5）制装饰料　将青梅切成片，葡萄干、青红丝用水洗净沥干，待用。

（6）上糖浆、成形　把成形木框放在案板上，在框内撒上薄薄一层干粉，再撒上一层芝麻，然后将油炸好的面条拌上一层均匀的糖浆，倒入木框内铺平，厚度约 3～4cm，在其表面上撒果料后压平，再切成 6～7cm 见方的块形，也可切成长方形，待冷却后即可。

三、马铃薯萨其马

1. 原料配方

（1）原料　马铃薯 10kg，面粉 12kg，鸡蛋 12kg，白糖 1.8kg，麦芽糖 0.6kg，淀粉 1kg。

（2）炸油　植物油 10kg。

2. 操作要点

（1）选料　将新鲜原料清洗去皮蒸熟，并打成泥状。

（2）调配　按比例将调味品与原辅料混合均匀，在压片机上压成 2mm 的薄片，并切成丝。

（3）油炸　将薯丝在 130℃的油温下炸至饼丝酥脆，迅速捞出沥去表面浮油。

（4）拌糖　白糖与麦芽糖按 3：1 的比例混合熬成质量分数为 80％的浓糖液，然后均匀地拌在薯丝上面，趁热压模成形，自然冷却后包装。

四、蜜贡

1. 原料配方

精制面粉 1000g、花生油 400g、饴糖 200g、白砂糖 100g、糖桂花 100g、桂花 100g、蜂蜜 70g、小苏打 4g、食用色素 0.01g、

食用油 1500g。

2. 操作要点

（1）和面　先将花生油、温水倒入和面机中搅拌均匀，再将精制面粉、小苏打倒入和面机中混合均匀。

（2）整形　将调制好的面团分成若干相等的面团，然后分别擀成面片，再在面片表面一半处刷一层红色食用色素，将其另一半折铺在刷有红色色素的面片上，擀成 1 cm 宽的小长条，在每个小条中间切一个小口，再从小口处翻个麻花即成生坯。

（3）油炸　炸制时，将油加热到 170～180℃ 时即可将生坯倒入油炸炉内，炸熟后捞出，沥油。

（4）挂糖浆　将炸好的半成品放入用饴糖、白砂糖、蜂蜜和糖桂花熬制好的液体中挂浆即可。

五、花生珍珠糕

1. 原料配方

（1）面团料　面粉 10kg，鸡蛋 5kg，碳酸氢铵 180g，水 2.1kg。

（2）挂浆料　白砂糖、化学稀（麦芽糖）、花生米各 7.5kg。

（3）扑面　面粉 1.5kg。

（4）炸油　花生油 9kg。

2. 操作要点

（1）和面　将面粉过罗后，置于操作台上，围成圈。然后把鸡蛋用清水洗净磕入容器内，搅打充气后，倒入面圈内。同时加入适量的水和已溶化的碳酸氢铵，搅拌均匀，再将面粉加入，调成软硬适宜的筋性面团。分成每块 2kg 左右。揉合至表面光滑，内部无面节为止，饧发约 30min。

（2）成形　把饧好的面团擀成厚 0.5cm 的薄片，而后切成宽 0.5cm 的面条状。再横过来切成 0.5cm 的小方块，装在筛内，摇晃除其扑面，同时将小方块摇成近似球形，准备油炸。

（3）油炸　将花生油投入锅内，烧至 155℃ 时，把生坯适量地投入锅内，用笊篱翻动，将浮起油面的小球摁下，炸成乳白色，熟透捞出。

（4）熬浆　把糖加水熬至 115℃ 时，将化学稀投入，再熬至

115℃时撤离火源。

（5）挂浆　将操作台扫净，把木框放在操作台四周，撒上扑面后，均匀地撒上一层芝麻仁。然后把花生米烤熟去皮拌入已炸好的小球内，适量地倒入锅内，将糖浆浇上、拌匀。取出后，倒在木框内，用手铺平厚约 3.5cm。表面均匀地撒上已洗净的小料，压平。

（6）包装　冷却后以规格的木尺用刀切成 5cm×5cm 的方块状，冷却后包装。

六、菊花酥

1. 原料配方

（1）面团料　面粉 10kg，鸡蛋 5kg，碳酸氢铵 120g，水 2.2kg。

（2）挂浆料　白砂糖 10kg，化学稀 2kg。

（3）装饰料　白砂糖粉 1kg，食用色素适量。

（4）扑面　面粉 1kg。

（5）炸油　植物油 12kg。

2. 操作要点

（1）调面团　将面粉过罗后，置于操作台上，围成圈。把鸡蛋用清水洗净磕入容器内，搅打充气后，投入面圈内。同时加入适量的水和已溶化的碳酸氢铵，搅拌均匀，加入面粉，调成软硬适宜的筋性面团。分成每块 1.5～2kg 揉和，至表面光滑，内部无面节为止，饧发。

（2）成形　取一块饧好的面团，擀成厚 0.3cm、宽 36cm 的长方形薄片。以规格的木尺，用刀分别切成宽 9cm、8cm、7cm、6cm、5cm 的长条，从大到小依次塔形摞起，然后用刀切成 0.3cm 的小条，每切 5～6 条为一组。用筷子在中间夹住，抖一抖，使条分开成菊花瓣状，用手指摁压当中，抽出筷子，即为生坯。

（3）油炸　油烧至 155℃时，将生坯用筷子夹住，投入锅内晃动炸制。待制品呈黄白色，熟透夹出，摆在提篮上，准备挂浆。

（4）挂浆　将糖浆熬至 112℃时，投入化学稀，再熬至 112℃时，撤离火源，均匀地浇在制品表面。控干冷却，然后将白砂糖粉少量掺入色素，撒于花瓣中间。

（5）包装　略晾后包装即为成品。

七、翠绿龙珠

1. 原料配方

面粉 1000g、饴糖 1250g、花生油 125g、蜂蜜 250g、绵白糖 300g、清水 500g、玫瑰糖 50g、苏打粉 3.6g、炸油 1500g（实耗 300g），食用柠檬黄、靛蓝各适量。

2. 操作要点

（1）和面　将面粉、苏打粉一起过罗，在案上开窝放入饴糖 450g、花生油及清水 150g。先用手将稀料搅拌均匀，然后再将面粉徐徐加入，将面粉全部下完后，轻揉成团即可放一旁饧置。

（2）成形　将饧好的面团用面杖擀成厚 1cm 的片，再用刀切成宽 1cm 的条，然后再将条切成方块待炸。

（3）制糖浆　将洁净的锅坐在火上，放入清水、饴糖及蜂蜜、玫瑰糖混合均匀后，煮沸即可。

（4）制色糖　将食用柠檬黄、靛蓝调制成绿色，再将绵白糖加入食用绿色调成绿色糖。

（5）油炸　将洁净的锅坐在火上，倒入炸油，油烧到六成热时，下入切好的方块生坯，用铁铲不断地搅动，炸成金黄色即熟。

（6）挂浆　将炸熟的成品用漏勺捞出，倒在糖浆锅内，稍蘸糖汁立即捞出，倒在绿色糖内滚粘均匀即成。

（7）包装　晾凉后包装即为成品。

八、蜜三刀

蜜三刀是由"里子面"和"皮子面"组成。

1. 原料配方

面粉 1000g、花生油 1300g、面团用饴糖 250g、碱 4g、过蜜用饴糖 1400g。

2. 操作要点

（1）和面　先将 1/4 的面粉加饴糖放到盆内，加水和面肥，揉搓成团，发足成大酵面，加入碱水去酸，调成"皮子面团"；再将余下的面粉一次放缸或盆内，加水拌和均匀，调制成"里子面团"。

（2）擀面　把两种面团都放在案板上，分别用擀面杖擀开。将"皮子面"擀成两块长方片；将"里子面"擀成一块长方片，大小相同，用一块"皮子面"片作底，中间铺上"里子面"片，然后把另一块"皮子面"片盖上，即成为3层，厚度约5cm。

（3）整形　叠好后，用刀切下一长条，将长条面擀薄，切成长小块，将宽边4角对齐折上，窄边中间顺切3刀，成为4瓣，即为蜜三刀生坯。

（4）油炸、上糖浆　整形后的生坯下到油炸炉内，以180℃炸至金黄色。随炸随在饴糖锅中过蜜。

第九章　煎类中式糕点

　　煎制方法是利用煎锅中少量油或水的传热使制品成熟的方法。煎锅大多为平底锅，其用油量多少，视品种需要而定。一半是在平底锅的锅底抹薄薄一层油脂，有的品种需抹油量较多，但以不超过制品厚度一半为宜，有的抹油较少点。煎法又分为油煎和水油煎两种。

第一节　油煎类

　　油煎方法在整个煎制过程中不盖锅盖。将高沿锅烧热后放油，均匀布满整个锅底，再摆放生坯，先煎一面，煎到一定程度，翻个再煎另一面，煎到两面都变成金黄色，熟透为止。

一、五色玉兰饼

　　五色玉兰饼是江苏地区小吃，以糯米细粉及面粉制成馅饼，平锅煎炸成两面金黄，外脆内绵。馅分鲜肉、豆沙、玫瑰白糖、芝麻、猪油青菜五色。因最初每种馅心内均加入玉兰花瓣，所以得名。

1. 原料配料

　　糯米粉 10kg、面粉 2kg、豆油 640g、鲜肉馅 1kg、猪油青菜馅 1kg、豆沙馅 1kg、玫瑰白糖馅 1kg、芝麻馅 0.8kg、开水 1.2kg、冷水 4kg。

2. 操作要点

（1）和面　面粉用 1.2kg 沸水冲泡成浆状，再将糯米粉用冷水 4kg 调成浆状，二者混合拌和，擦揉均匀，醒约 5min 即可制皮，每只皮重为 40g。

（2）包馅　将柔软的粉团捏成圆形凹底皮子，包入馅心收口稍搓即成饼坯。包入不同馅心需捏成不同形态，以便识别。

（3）油煎　平底锅放入豆油，用旺火烧热，然后把饼坯放锅内，先正面朝下煎，待饼发起，翻身煎约 5min，再翻身煎约 2min 即可起锅。

二、糖酥煎饼

1. 原料配方

小米 1000g，白糖 400g，豆油 12g，食用香精少许。

2. 操作要点

（1）调糊　一部分小米放入锅内，加水煮熟后晾凉，其余的小米放水内泡 3h，加入熟小米搅匀，加水磨成米糊（米糊不可过稠，否则不易摊制）。如过稠加水糊勾，将白糖、香精加入米糊内搅匀。

（2）油煎　将煎饼鏊子烧热，用布蘸豆油擦一遍鏊子。左手用勺盛米糊倒在鏊子中央，右手用耙子把米糊顺时针旋转摊成圆饼形，然后再用耙子刮开，动作迅速，厚薄均匀，边刮边熟，至刮平后饼已熟透，用铲子沿边铲起，双手顺边揭起，并趁热在子鏊上折叠成长方形（长约 18cm，宽约 6cm），取出后即可。

三、山东煎饼

1. 原料配方

小米面 1000g，黄豆面 100g、油适量。

2. 操作要点

（1）调糊　将小米面、黄豆面混均加水调成糊状，盛到盆里使其稍微发酵。

（2）油煎　煎饼鏊子烧热，平底锅涂油后，左手盛一勺米糊倒在鏊子中央，右手用煎饼耙子尽快把米糊沿顺时针方向摊成圆饼形，约 1min 即熟。用刮刀沿边刮起煎饼的边缘，双手提边揭起。

四、荞麦煎饼

1. 原料配方

荞麦粉 1000g、绿豆芽 1000g、羊肉 330g、鸡蛋 160g、葱花、姜末、盐、苏打粉、水淀粉、花椒、花生油、醋各少许。

2. 操作要点

（1）制糊　在荞麦粉中加入打匀的蛋液、少许苏打粉及盐，先揉成硬面团，再分次加水，拌和成稠糊状（这样和成的面做出的煎饼不易碎）。

（2）辅料预处理　将羊肉切细丝，加少许水、淀粉及盐拌匀，绿豆芽择洗干净。炒锅上火，倒入适量油，待油七八成热时滑入肉丝和葱花、姜末，肉丝炒熟后，倒入盘中。炒锅洗净再放火上，锅热后倒油，油快冒烟时下入几粒花椒，待花椒炸出香味时取出不用，加入盐及控干的绿豆芽，大火煸炒几下，淋入少许醋，倒入肉丝炒片刻，即可盛出。

（3）油煎　煎锅放火上烧热，涂上油，倒入适量面糊，摊开，煎烙片刻，翻个面儿，几分钟即可出锅。

（4）成品　将炒好的肉丝绿豆芽放在煎饼上，卷好即可食用。

五、烫面煎饼

1. 原料配方

荞麦面 1000g、鸡蛋 200g、黄瓜 100g、葱 50g、花生油 50g、甜面酱 50g、盐 10g、面粉适量。

2. 操作要点

（1）和面　荞麦面放盆中，倒入适量沸水，用筷子搅拌，待不烫手时，加面粉揉成软面团备用。

（2）拌料　鸡蛋打入碗中，加少许盐及切好的葱花搅匀，上油锅煎成蛋饼，用铲搅碎，盛入盘中。黄瓜洗净，切成丝。葱切成长约 4cm 的段，再竖切成长丝。

（3）整形　荞麦面团放在案板上，搓成直径 3cm 的长条，揪成剂子，用擀面杖擀成薄饼。

（4）油煎　煎锅放火上烧热，涂上油，放入荞麦薄饼，用文火烙熟，吃时拌上少许黄瓜丝，把薄饼卷起即可。

六、糯米红薯饼

1. 原料配方

红薯 1000g（去皮后净重）、糯米粉 200g、白糖 100g。

2. 操作要点

（1）制红薯泥　将红薯切片放沸水蒸锅架上，用大火蒸 15min 到熟透后，取出后趁热用搅拌成泥。

（2）和面　放入糯米粉、白糖、约一汤匙水，充分揉匀（干湿度适中）。

（3）整形　取适量薯泥用双手先搓成丸子，再用双掌拍打成饼状。

（4）油煎　锅中放油烧到八成热，放入红薯饼用中火煎 8min，煎的过程中要时经常将红薯饼翻面，两面都要煎好。

（5）沥油　熄火后用铲将每个红薯饼在锅边压出油分。

七、鸡蛋锅贴

1. 原料配方

面粉 1000g、猪五花肉 500g、鸡蛋 200g、白菜 300g、香油 150g、花生油 150g、酱油 40g、精盐 10g、葱末 20g、姜末 20g。

2. 操作要点

（1）原料预处理　将猪五花肉洗净，剁碎；白菜洗净，用开水烫一下，剁碎。将猪肉末放入盆内，加入葱末、姜末、酱油、精盐及清水 300g（分两次加入），搅匀上劲，再加入白菜末拌匀成馅。

（2）和面、整形　将面粉放入盆内，倒入适量沸水和成烫面，和匀揉透，搓成长条，揪成 40 个面剂，按扁，擀成直径 10cm 圆皮，每个抹入 10g 馅，捏成饺子。

（3）油煎　在锅内放入花生油烧热，码入饺子，煎至饺子结焦底时，淋入花生油，并将锅离火晃动，滗去余油，用筷子把饺子轻轻拨动一下。鸡蛋磕入碗内，搅匀，从锅周围淋入（平锅每 8 个饺子用 1 个鸡蛋），视蛋浆凝结时，再将锅端起晃动，使蛋饺全部离锅，翻个身，再稍煎片刻，出锅装盘，淋上香油即为成品。

八、鸡油煎饺

1. 原料配方

面粉 1000g、猪后腿肉 500g、牛肉 500g、鸡蛋 200g、芝士末 150g、净葱头 150g、鸡油 300g、精盐 30g。

2. 操作要点

（1）制馅　将牛肉、猪后腿肉洗净，都剁成肉末；葱头洗净，切成碎末，和肉末一并放入盆内，加入精盐（20g）和鸡油（100g），搅拌，再陆续加水 400g，搅至黏稠状待用。

（2）和面　把鸡蛋磕入碗内，加入精盐 10g，清水 400g，用筷子搅开，倒入放面粉的盆内，把面和匀，揉透，盖上湿布，饧 30min 待用。

（3）整形　将面团擀成长方形薄片，用手把馅挤在一半面片上（馅与馅的四周间隔为 2cm 等距），将另一半面片折起，盖在挤好馅的面片上，把馅与馅的四周用手压实，再用直径 4cm 的圆酒杯式的模子将饺子一个一个地扣下来，将边捏一下，再将两角对起捏实，使其成元宝形状。按此法捏出小饺子 60 个。

（4）煮制　将饺子放进开水锅内，略煮，捞出。

（5）油煎　将鸡油放入煎锅烧热，摆入饺子，两面煎至金黄色时即可装盘。食用时将芝士末一起上桌。

九、金丝恋饼

1. 原料配方

面粉 1000g、水适量、板油少许、葱段适量、盐少许、五香粉少许、白芝麻适量。

2. 操作要点

（1）香料处理　将板油加热炼出猪油后，放入葱段爆香，然后沥出猪油。与盐、五香粉搅拌成板油泥备用。

（2）和面　将面粉与水搅拌均匀后擀平，涂上板油泥，卷起再擀平成 1cm 片状面皮。将面皮切成细长的丝条状，用手拉长后，缠绕成圆塔状。将圆塔表面稍微压平，放上少许白芝麻。

（3）油煎　在 200℃ 的铁板（或平底锅）上，涂上少许油后煎饼。一边煎一边压型，多次翻面煎至两面金黄即可。

十、馅饼

1. 原料配方

面粉 1000g、猪肉 500g、葱末 250g、甜面酱 50g、芝麻油 50g、食盐 15g、味精 10g。

2. 操作要点

（1）和面　将面粉用凉水（或温水）和成软面团（600g 水左右），但不能过软，和后必须饧面柔润。

（2）拌馅　将猪肉剁碎，放进盆内，加甜面酱、食盐搅匀，搓成条，下剂子，按扁，包进馅料，收口，注意不要有疙瘩，口朝下，按成圆饼。

（3）油煎　将锅烧热，放油，包好的馅饼逐个放在锅上，两面见金黄色时再淋些油，煎一下即成。

十一、葱花鸡蛋饼

1. 原料配方

面粉 1000g、鸡蛋 500g、豆油 300g、清水 260g、葱 160g、精盐 10g、五香粉 3g。

2. 操作要点

（1）原料处理　将鸡蛋打入容器里，把蛋液搅拌均匀，葱切成末备用。

（2）面糊调制　将面粉、精盐、五香粉一起放入盛有鸡蛋液的容器内，加温水调制成糊，加入葱末搅匀。

（3）煎制　平底锅内加豆油烧热，用勺舀入蛋糊，摊成圆薄饼，用小火煎至底面呈金黄色，翻个，继续用小火煎至呈金黄色，铲出装盘即成。

十二、麻香煎饼

1. 原料配方

面粉 1000g、鸡蛋 750g、油炸花生仁 500g、白糖 370g、芝麻仁 250g、花生油 250g、温水 200g、泡打粉 10g。

2. 操作要点

（1）原料处理　将油炸花生仁搓去薄皮，压碎后备用。

（2）面糊调制　将鸡蛋磕入容器内加白糖搅散，加入面粉、泡打粉、碎花生仁、芝麻仁，用温水调成面糊。

（3）煎制　在平底锅内刷花生油烧热，倒入面糊，用火煎至面糊两面呈金黄色、熟透后取出装盘即成。

十三、煎萝卜丝饼

1. 原料配方

（1）皮料　面粉 1000g、热水 400g。

（2）馅料　萝卜 1000g、猪油 125g、火腿末 125g、花生油 125g、大葱 75g、盐 25g、味精 5g。

2. 操作要点

（1）面团调制　将面粉用 80℃的水和成烫面，晾凉后揉匀揉透。

（2）制馅原料处理　萝卜洗净切成细丝，撒上少许盐腌渍，然后把水沥干；大葱切成细末；将猪油切成 3mm 见方的丁。

（3）拌馅　将萝卜丝、葱花、猪油丁拌匀，再加入味精、火腿末、盐拌匀备用。

（4）制皮、包馅　将揉好的面团搓成长条，分成等量大小的剂子，将剂子擀成圆皮，在圆皮内包入萝卜馅，收口朝下，按成直径 4cm 圆饼状，即成饼坯。

（5）煎制　平锅内淋少许花生油，放入圆饼坯，用中火煎至两面金黄即可。

十四、猪肉馅饼

1. 原料配方

（1）皮料　面粉 1000g、开水 300g、凉水 300g、盐 10g。

（2）馅料　猪肉 1000g、韭菜 600g、花生油 300g、酱油 70g、香油 60g、盐 15g、大葱 10g、料酒 10g、味精 6g、生姜 6g。

2. 操作要点

（1）面团调制　将面粉加盐，用开水烫成雪花状，再用凉水和成面团，揉匀揉透，醒 40min。要注意烫面和冷水面的比例要根据季节而定，冬季烫面要多些，夏季要少。

（2）原料处理　大葱、生姜切成细末；韭菜择洗干净，切成碎末；将猪肉切成 3mm 见方的丁，加酱油腌渍。

（3）拌馅　将猪肉丁、葱末、姜末和韭菜末拌匀，再加花生油（160g）、料酒、盐、味精、香油拌匀成馅。

（4）整形　将揉好的面团搓成长条，分成每个约 40g 重的剂子，将面剂擀成直径 10cm 的圆饼，包上适量馅，收口朝下，再擀成直径 8cm 的圆饼，面皮要薄，但不能露馅。包好即为饼坯。

（5）煎制　平锅内放花生油，放入圆饼坯，用中火煎至两面金黄即可。

十五、手抓饼

1. 原料配方

面粉 1000g、清水 500g、花生油 400g、黄油 400g、精盐 10g。

2. 操作要点

（1）面团调制、醒制　盐用清水溶解，加入面粉、清水和成面团。

（2）压面　将面团用压面机反复压光滑，然后用刀切成长方形面片。面要反复压片，直至光滑有光泽。再把压面机的厚度调至 2mm，取面片压成薄方形面片。

（3）刷油、醒发　黄油熔化加入花生油（120g）混合均匀，刷在面片上，黄油和花生油兑比要根据季节而定，冬季黄油少一点儿，夏季多一点儿。将面片两端向中间对折，刷油，再向中间对折，刷油，翻过来，再刷油，然后再从反面对折，刷油，放在方盘内，盖上保鲜膜，静置 2~4h。

（4）整形　将面团醒发到面筋松弛，将条抻长至 80cm，从两端向中间盘成两个圆，然后上下摞起来，再放在方盘内，盖上保鲜膜，放入冰箱冷藏 1h，取出，用面杖擀成直径为 20cm 的圆饼生坯。

（5）煎制　平锅内加花生油，烧至六七成热，放入生坯煎至一面发黄挺身后，翻过来再煎另一面，煎至两面呈金黄色。煎饼时要随煎随加油；翻饼时将饼稍折，这样煎出的饼松散。

十六、驴肉锅贴

1. 原料配方

（1）皮料　面粉 1000g、开水 450g。

（2）馅料　驴肉 500g、韭菜 600g、鸡汤 200g、花生油 150g、香油 30g、酱油 30g、生姜 30g、料酒 20g、味精 8g、精盐 4g。

2. 操作要点

（1）面团调制　面粉用开水和成烫面团，放凉，揉匀。

（2）原料处理　将生姜、驴肉剁成碎末，将韭菜择洗干净，切成碎末，备用。

（3）制馅　将驴肉末内加入所有调料（不加花生油）调匀，再放入韭菜拌匀成馅。

（4）制皮、包馅　面团揉匀，搓成长条，揪成每个重约 10g 的剂子，按扁擀成圆皮，面片要擀薄，但不要破。然后包上馅，面皮对折，中间用手捏严，两角各留一个口不捏，成月牙形锅贴生坯。

（5）煎制　将生坯摆放到平底锅内，加入油，盖上盖，用文火煎至熟透，铲入盘内即成。

十七、蛋饼盒子

1. 原料配方

（1）皮料　面粉 1000g、鸡蛋 1000g、清水 250g。

（2）馅料　猪瘦肉 1000g、韭菜 1600g、油 600g、酱油 80g、姜末 40g、盐 20g、鸡精 12g、味精 8g、十三香粉 4g。

2. 操作要点

（1）面糊调制　鸡蛋磕入容器内，加面粉、水及盐 6g 搅匀成糊，注意面糊稠度要适中，以挑起缓慢滴落为准。

（2）预处理　将猪瘦肉剁成细末，然后将韭菜切成细末。

（3）拌馅　在锅内加油 60g 烧热，放入肉末煸炒至熟，出锅放入容器内晾凉，加入酱油、味精、十三香粉、姜末、鸡精搅拌均匀，再加入韭菜末，放入余下的精盐拌匀成馅。

（4）煎蛋饼　将平底锅烧热，然后刷一点油用手勺舀入蛋粉糊，摊平煎成薄蛋饼，蛋饼要厚薄均匀，不能太厚。取出铺在案板上。

（5）包馅、煎制　将拌好的馅分放在摊好的几张蛋饼上，包成长方形盒子生坯。平底锅刷油烧热，放上蛋饼盒子生坯，煎制时煎蛋饼盒子时要小心翻动，不要露馅。用文火煎至两面呈金黄色、熟透即成。

第二节　水油煎类

水油煎法是锅加热后，只在锅底抹少许油，烧热后将生坯从锅的外围整齐地码向中间，稍煎一会儿（火候以中火、150℃左右的热油为宜），然后洒上几次清水（或与油混合的水），每洒一次就盖紧锅盖，使水变成蒸汽传热焖熟。

一、玉珠煎饼

1. 原料配方

嫩玉米1000g、植物油100g，五香粉6g，葱花50g，盐适量。

2. 操作要点

（1）磨浆、混合　将嫩玉米粒用粉碎机磨成稀浆，再加入五香粉、盐、葱花搅匀。如稀浆稠时可适量加点凉水，过滤去皮更好。

（2）抹油　将平锅置中火上，加热后，淋入少许植物油抹匀。

（3）水油煎　在锅底抹油后用铁铲把稀浆均匀地摊在锅内，加盖后盖严。烙2～3min，当听见锅盖发出吱吱声时，揭盖铲出即可。

3. 注意事项

选用玉米越嫩越好，最好是玉米粒似水泡才好。如颗粒已硬化，水分则少，磨浆时可适量加些凉水。摊煎饼前，需先在锅内淋些植物油，防止煎饼粘锅。

二、黄米煎饼

1. 原料配方

软黄米面1000g、水400g、碱适量、酵母粉少许。

2. 操作要点

（1）和面　加水和面，放热处保温发酵，待面发起后，加碱水调成糊状。

（2）水油煎　鏊子放在文火上烧至八成热后抹上食油，再用小勺舀面糊约50g倒于鏊子中央，面糊自然向四周流开，上盖约2min即熟。

3. 注意事项

鏊子为专用器具，圆形，直径 15～30cm 不等，中间凸起，四周低且有挡边，上边扣盖。

三、锅烙

1. 原料配方

面粉 1000g、猪肉 500g、净菜馅 700g、香油 100g、熟素油 50g、酱油 150g、盐 10g、葱末少许、姜末少许。

2. 操作要点

(1) 和面　将面粉放入盆内，加入温水和成面团，盖湿布略饧备用。

(2) 制馅　将猪肉洗净，剁成末放入盆内，将酱油分两次加入，再放入葱末、姜末、盐、香油（50g）、熟素油拌均匀。将 50g 香油放油壶内，另备一喷壶放凉水。

(3) 整形　将面揉匀搓条，揪成 40 个剂子，按扁，擀成圆片，打入馅，包成饺子。

(4) 水油煎　平锅置文火上，锅热点几滴油擦匀，码入饺子，待饺子底略有焦黄时，用喷壶喷水，见有水泡，盖上锅盖煎熟。用油壶在饺子间淋上油，用铲子铲出，底朝上放盘内即可。

四、什锦锅贴

1. 原料配方

面粉 1000g、猪肉 500g、虾仁 200g、鸡蛋 200g、鸡肉 100g、干贝 20g、火腿 20g、海参 50g、水发冬菇 50g、水发木耳 50g、玉兰片 50g、姜末 30g、葱末 100g、酱油 100g、香油 100g、盐 20g。

2. 操作要点

(1) 和面　将面粉放入盆内，加入温水和成面团，揉匀揉光，盖上湿布，稍饧待用。

(2) 制馅　将猪肉洗净，剁成蓉；鸡蛋搅匀，炒熟剁碎；虾仁、鸡肉、海参、干贝、火腿、水发冬菇、水发木耳、玉兰片均切成小丁，葱切末。将肉蓉、鸡蛋及各种原料小丁、葱末、姜末放入盆内，加入酱油、盐、香油拌匀成馅。

(3) 整形　将面团搓成长条，揪成 60 个面剂，按扁，擀成皮，包上馅，包成饺子。

（4）水油煎 将平底锅烧热，刷上豆油，将包好的饺子逐个摆入，淋上适量的面粉水（清水加少许面粉搅匀），盖严锅盖。视水烧干时，饺子即熟，底面朝上铲入盘内即成。

五、三鲜锅贴

1. 原料配方

面粉 1000g、猪肉 500g、海参 100g、海米 50g、木耳 50g、香油 50g、豆油 50g、酱油 50g、小干贝 30g，盐、葱末、姜末各适量。

2. 操作要点

（1）制馅 将猪肉切成豆粒大小的丁，放入盆内，加入姜末、酱油、盐拌匀，再加水 75g 搅成糊状。将海米、海参泡发后切成小丁，木耳泡发后切成小片，连同小干贝、葱末、香油一起放进盆内，搅拌成馅。

（2）和面 将面粉放入盆内，加入沸水 100g，盐少许，边浇边拌，再加凉水 150g，揉成半烫面团，稍饧，揉成条，揪成 40 只剂子，按扁，擀成圆皮，打入馅，将皮子对折捏拢，包成月牙形生饺。

（3）水油煎 待平锅烧热，稍抹一层豆油，摆入生饺，2min 后倒进适量凉水，盖上锅盖焖烙，待水快干时，淋少许香油，铲出，码入盘内即成。

六、鸡汁锅贴

1. 原料配方

面粉 1000g、猪肉 1600g、鸡汤 1000g、香油 160g、酱油 160g、白糖 40g、姜 40g、葱 40g、料酒 40g、胡椒粉 10g、盐适量。

2. 操作要点

（1）制馅 将猪肉剁成末，放入盆内。葱、姜用刀拍松剁细，掺以少许清水及盐取汁，与胡椒粉、白糖、酱油等倒入盛肉末的盆内拌匀。把鸡汤陆续加进肉内（夏季鸡汤减半）搅打，第一次约加汤一半，待肉搅至黏稠状时，再加另一半汤继续搅打，同时加进香油，搅至肉将全吸收。如所用的肉不易吸收水分，则鸡汤应分几次加进，香油于最后一次搅打时加入。

（2）和面、整形　将面粉放进盆内，加入80℃热水急速搅动，揉和冷却即为烫面。把烫面搓成细条，揪剂，按扁，擀成边薄中央厚、重约15g的圆形饺皮，每个包上肉馅15g，捏成饺子。

（3）水油煎　平锅内淋少许菜油，将饺子整齐放入，盖好盖，3min后加入少许清水，盖好后不断转动平锅，让饺子受火均匀，约3min后即可揭盖。锅中央火力较旺处的饺子须先铲起，其余陆续起锅。

七、丘二锅贴

1. 原料配方

面粉1000g、猪肉1500g、酱油100g、香油100g、胡椒粉40g、白糖40g、葱40g、料酒40g、姜40g、鸡汤1000g。

2. 操作要点

（1）制馅　将猪肉洗净，剁成蓉放入盆内；葱、姜用刀拍烂，加少许清水、盐挤取其汁，与胡椒粉、白糖、料酒等都放入肉内拌匀，再将鸡汤陆续加进肉内搅打，第一次约加汤一半，把肉搅至黏稠状时再加另一半，继续搅打。如所用的肉容易吸收水分，剩下的鸡汤可一次倾入，并同时加进香油，继续搅打。

（2）和面　将面粉放入盆内，加入八成开的热水适量，先用工具急速搅拌，再用手揉和，然后切成若干小长条冷却。冬季经过15min，夏季经过30min即可冷透，即成烫面。

（3）整形　将各个小条子面合拢揉融，搓成条，揪成60个剂子，擀成边薄中央厚的圆形饺皮（重约15g），每个皮包进肉馅20g，捏成饺子。

（4）水油煎　在平锅上淋少许植物油烧热，将饺子放进锅内（不宜太挤），随即把冷水注入锅的中央，迅速将锅盖好，并不断转动平锅，使饺子所受火力保持均匀。大约经过5min，锅中发出水炸声，揭盖，淋入少许素油，再盖盖转动锅约2min即成。

八、猪肉鲜韭锅贴

1. 原料配方

面粉1000g、猪肉700g、韭菜500g、花生油100g、酱油

100g、姜末 20g、盐 20g。

2. 操作要点

（1）制馅 将猪肉洗净切末，韭菜择洗干净切成小丁。再将肉丁放入盆内，加入酱油、姜末、精盐搅打至有黏性，再加入花生油和韭菜末，搅拌均匀制成馅料。

（2）和面 将面粉放入盆内，加少许盐和适量温水和好，揉匀揉透，揪成 60 个小剂，擀成圆皮，打入馅，对折，捏紧上部，两头露馅，即成锅贴饺。

（3）水油煎 将平锅置火上，并刷上油，把锅贴逐个摆上，淋入面粉水（按 500g 水 25g 面的比例调匀），盖上锅盖。待水快干时，再淋上少许面粉水，再盖严，3min 后底面朝上铲出，码入盘内即成。

九、猪肉白菜锅贴

1. 原料配方

面粉 1000g、猪肉 500g、大白菜 2000g、植物油 100g、香油100g、黄酱 50g、酱油 50g、葱末 40g、盐 20g、姜末 10g。

2. 操作要点

（1）和面 将面粉放入盆内，加入温水和成面团，揉匀揉透，盖上湿布饧 20min 待用。

（2）制馅 将猪肉剁成泥，加入香油、黄酱、酱油、盐、葱末、姜末调好；把大白菜洗净沥去水，剁碎挤于水分与肉泥调匀，即成馅。

（3）整形 将面团放案板上，搓成条，揪 50 个剂子，按扁，擀成圆皮，然后左手托皮，右手打入馅，包成饺子。

（4）水油煎 烧热平底锅，把饺子整齐地摆在锅里，中央留些空隙。将植物油里掺入一点水，倒在锅的中央及边沿，盖上锅盖，几分钟后视饺子的底焦黄时即成锅贴。

十、猪肉茄子锅贴

1. 原料配方

面粉 1000g、茄子 1000g、猪肉 600g、香油 50g、熟素油100g、酱油 100g、盐 10g、葱末 50g、姜末 10g。

2. 操作要点

（1）制馅　将猪肉洗净，剁成泥；茄子去蒂去皮，洗净，剁碎。将肉泥放入盆内，加入葱末、姜末、酱油、盐、水少许搅至发黏，加入香油、熟素油（20g）搅匀，最后投入茄子拌匀成馅。

（2）和面　将面粉放入盆内，加入温水搅匀，和成面团，盖上湿布稍饧后搓成条，揪成40个剂子，按扁，擀成圆皮，然后左手托皮，右手打入馅，对折捏成饺子。

（3）水油煎　将平底锅置于中火上，淋入熟素油少许，将饺子码入锅内，淋入两勺面水（约400g），盖严盖，焖5min，视水分尽干、饺子鼓起，再淋入熟素油少许，稍煎即成。

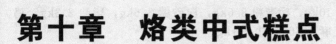

第十章　烙类中式糕点 ◂◂◂◂

烙是把成形的生坯摆放在平锅内，架在炉火上，通过金属传导热量使制品成熟的一种方法。烙的特点是热量直接来自温度较高的锅底，金属锅底受热较高，将制品放在上面，两面反复烙制成熟。一般烙制的温度在180℃左右，通过锅底热量成熟的烙制品具有皮面香脆，内里柔软，呈类似虎皮的黄褐色（刷油的金黄色）等特点。烙的方法，可分为干烙、刷油烙和加水烙三种。加水烙是利用锅底和蒸汽联合传热的熟制法。加水烙法是在锅上火后，不在锅底抹油，烧热后直接将生坯从锅的外围整齐地码向中间，稍烙一会儿，然后洒上几次清水（或和油混合的水），每洒一次就盖紧锅盖，使水变成蒸汽传热焖熟的方法。加水烙法只烙一面，即把一面烙成焦黄色即可。加水烙法和水油煎相似，风味也大致相同。加水烙和水油煎方法的共同点是都是两阶段熟制，而且都是第二阶段洒水后盖焖熟的熟制技术；不同点是第一阶段不同，水油煎法是先在锅底抹少许油煎一下，而加水烙法是一点油也不抹，直接干烙，之后洒水焖熟。但产品很少，在此不进行介绍，主要介绍干酪和刷油烙类产品。

▍第一节　刷油烙类▕

刷油烙的方法是在烙的过程中，或在锅底刷少许油（数量比油煎法少），每翻动 1 次就刷 1 次；或在制品表面刷少许油，也是翻动一面刷 1 次。

一、薄脆烙饼

1. 原料配方

精面粉 10kg，标准粉 8.6kg，白砂糖 8.6kg，猪油 2.3kg，鸡蛋 5.7g，芝麻 0.86g，盐 0.1kg。

2. 操作要点

（1）和面　将精面粉和标准粉混合过筛。将猪油加热熔化后倒入盆中，加入白砂糖、鸡蛋、芝麻、盐拌匀。加入混合粉，揉至面团细腻、软硬适度为止。

（2）成型　将面团搓圆压扁，用擀面杖擀成 1.5mm 厚的面皮。用直径 5cm 的金属圆筒，将面皮切割成一个个圆片。

（3）烙饼　放入平底锅内，以中火烤烙约 2min。待面坯略呈黄色，翻过来再烤烙 1min 即成。

二、两面焦

1. 原料配方

玉米面 1000g，面粉 400g，面肥 300g，白糖 400g，红糖、植物油、食碱各少许。

2. 操作要点

（1）和面糊　将玉米面、面粉掺和均匀，加入面肥，用温水和成软面团，视面团发酵程度，加入适量碱液，再加入白糖搅拌均匀，呈稠糊状。

（2）油烙　将烤盘刷上油，把玉米糊舀入盘内，摊子放入烤箱，过 5～6min 取出，刷上一层红糖水，再烤 5～6min，视玉米糊定形鼓起，呈焦红色即成。

3. 注意事项

玉米面团发酵要发透。烤盘内要抹油，否则易粘烤盘。玉米面糊入烤箱烤至稍硬时取出，趁热抹一层红糖水，这样使两面焦易上色。

三、高粱面烙饼

1. 原料配方

高粱面 1000g、葱花 100g、食油 100g、盐 20g、五香粉 6g、

温水 2000g。

2. 操作要点

（1）调面糊　将高粱面放入盆内，加入葱花、盐、五香粉搅匀，倒入温水用手或筷子搅打，搅成较有筋性的面糊。

（2）涂油烙制　将平底锅置火上烧热，淋入食油，涂抹均匀。然后用勺舀面糊匀地摊在锅底，中火烙制 1～2min，待面饼表面变色后，用手或铲把饼翻过来烙制，待两面呈黄色即熟。

四、小米面摊烙饼

1. 原料配方

小米面 1000g，黄豆面 100g，发酵粉 100g，食油 60g。

2. 操作要点

（1）调面糊　将小米面、黄豆面放入盆内，加入凉水调成糊状，将发酵粉用温水解开，放入糊中，搅匀发酵 2h，温度 25℃。

（2）烙制　将平底整子置火上，烧热后，淋入少许食油，抹匀锅面，用勺舀入面糊 150g 摊开，盖严锅盖，约烙 1～2min，至饼皮呈金黄色时，揭盖取饼，用铲对折成半圆形，即可食用。

五、豆沙甜酒烙饼

1. 原料配方

面粉 10kg、甜酒 1.2kg、白糖 3kg、生油 0.8kg、豆沙 10kg、水适量。

2. 操作要点

（1）面团调制　把甜酒、白糖与面粉混合搅拌均匀，然后慢慢淋入温水，揉成光滑的面团，酵面要揉匀饧透，揉至表面光滑不粘手为宜。盖上湿布放在温暖处，使其发酵。

（2）下剂　待其发酵膨胀成双倍大时，搓揉成长条状，再按规格要求分成小块面坯。

（3）包馅成形　将面坯逐个按扁，包入豆沙少许，捏拢收口，按成圆形面饼。

（4）油烙　在面饼上刷上一层生油，放入烧热的平底锅上油烙，一面烙熟后，翻身再烙另一面，至面饼发红有光、有弹性、两面金黄时即取出。

六、小米面菜烙饼

1. 原料配方

小米 1000g，豆腐 600g，粉条 200g，韭菜 300g，花生油 100g，葱末 6g，姜末 6g，精盐 10g。

2. 操作要点

（1）调糊　将小米淘洗干净，用水泡透，用磨把小米磨成糊，用鏊子把米糊摊成 7 个煎饼。

（2）制馅　把豆腐、粉条煮透后，剁碎，韭菜洗净切碎。炒勺里加花生油（30g），油热后加入葱末、姜末，炸出香味后，加入豆腐煸炒 1min，放入粉条、精盐拌炒一会，盛出晾凉后放入韭菜拌匀，制成馅。

（3）整形　把煎饼铺平，把豆腐菜馅（100g）放在煎饼上，摊成方形，将煎饼四边向内折，包成方形。

（4）烙制　向鏊子里抹上花生油（20g），将已填好馅的煎饼包口朝下，用文火烙约 1min，刷上油，翻过来再烙 1min，烙至发黄时，再对折成长方形，翻 2 次，烙至深黄色即成。

七、薯粉家常饼

1. 原料配方

薯粉 1000g、植物油 530g、面粉 2300g。

2. 操作要点

（1）面团调制　将薯粉、面粉和精盐同放一个干净的盆内匀后加适量冷水和成面团，揉透至表面光滑。

（2）下剂　将揉好的面团切成约 200g 一块的面剂，逐个将面剂擀成圆形薄片，刷上一层油后折叠起来，抻长盘圆，再擀成直径约 20cm、厚 1cm 的圆饼坯。

（3）烙制　取平底锅置炉火上烧热，锅底刷上一层油，待油热后将饼坯放入用文火烙，饼面上刷上油，烙 5min 后翻过来再刷油，再烙 5min 即熟，出锅。

八、如意枣泥饼

1. 原料配方

面粉 1000g、温水 500g、枣泥 500g、食用油 250g、香

油 125g。

2. 操作要点

（1）面团调制　将面粉倒入和面机内，用温水和成软面团，发酵 15min 左右。

（2）制馅　将购买的枣泥馅料加入香油调匀即可。

（3）整形　把发酵好的面团擀成 1cm 厚的大片，放上枣泥抹匀，从一头向上卷成宽条，再从中间顺长向切开，切开的两条刀口面朝上，从两头向中间卷起，卷好后再搓成饼坯。

（4）烙制　在平底锅内倒入食用油，放入饼坯，用文火烙至熟透即成，食用时切成几段，即可上桌。

九、烙羊肉千层饼

1. 原料配方

（1）皮料　面粉 1000g、温水 500g、盐 5g。

（2）馅料　羊里脊肉 200g、香油 120g、食用油 120g、啤酒 60g、花椒水 50g、八角水 50g、盐 5g。

2. 操作要点

（1）面团调制、醒制　将面粉内加盐 5g 倒入和面机内搅拌均匀，加水和成面团，醒 20～30min。

（2）制馅　把羊肉剁成泥，加入花椒水、八角水、啤酒，顺一个方向搅拌上劲，再加入余下的盐和香油、食用油搅匀成馅。

（3）整形　把面团擀成 0.3～0.5cm 厚的大薄片，在上面均匀地涂抹一层羊肉馅，抹羊肉馅一定要均匀，以保证层次分明。再卷成直径 8～12cm 粗的卷，切成 12～15cm 长的段。取一段将两边各压扁 3cm，将压扁的两端向中心折压，再翻过来，用双手搓成圆形，再压扁擀成 0.5～1.5cm 厚的面饼坯，在擀制面饼坯时要两面擀，以免厚薄不均。

（4）烙制　在平底锅内倒入少许油，再放入饼坯，烙到底部发黄时翻面，直至两面呈金黄烙熟即可。

十、烙香甜五仁饼

1. 原料配方

（1）皮料　面粉 1000g、清水 1000g。

（2）馅料　白糖 180g、核桃仁 120g、瓜子仁 120g、花生仁120g、松子仁 120g、芝麻仁 100g、花生油 150g。

（3）烙饼油　花生油 50g。

2. 操作要点

（1）和面　将面粉倒入和面机的容器内，加温水和成略软的面团稍醒。

（2）制馅料　将花生仁烤熟去薄，碾碎，将其他仁料也炒熟、切碎，五仁切碎时，粒度大小一致，太大擀制时会戳破面皮，太小五仁会损失。放入同一容器内，加入白糖，最后加入花生油，用油调整馅料的软硬，搅拌均匀，制成馅料。

（3）整形　将面团搓成粗长条，揪成均匀的剂子，擀成周边薄、中间稍厚的圆饼皮，包入五仁馅料，封口捏严成球状，再按扁擀成圆饼坯，收口捏严，以防烙制时露馅。

（4）烙制　在平底锅内加花生油烧热，放入饼坯，用文火烙至底面呈微黄时翻个，烙至两面皮酥、熟透铲出装盘即成。

十一、烙三鲜饼

1. 原料配方

（1）皮料　面粉 1000g、清水 500g。

（2）馅料　水发鱿鱼 500g、水发海参 500g、韭菜 500g、花生油 180g、猪油 50g、料酒 25g、香油 25g、姜末 25g、酱油 25g、鸡精 12g、精盐 8g、醋 5g、胡椒粉 3g。

2. 操作要点

（1）和面　将一半面粉放入容器内，加开水和成烫面，再加入凉水和剩下的面粉和成面团，烫面比例可随季节调整，夏季少一点儿，冬季多一点儿。

（2）原料处理　将水发鱿鱼、水发海参分别洗净，均剁成碎末；韭菜择洗干净，切成末。

（3）拌馅　将鱿鱼末、海参末、韭菜末放入同一容器内，加入所有调料（不加油）拌匀成馅。

（4）整形　将面团搓成条，揪成大小相等的剂子，按扁擀成直径 10～12cm 的圆面皮，将馅放在一张面皮上，把另一张面皮盖在卜面，周边捏严，锁上花边，收口捏严，以防烙制时露馅。

（5）烙制　在平底锅内刷上花生油，放入饼整形好的饼坯，文火烙制，以保证烙熟不焦煳。烙至两面呈金黄色、鼓起熟透即成。

十二、烙羊肉饼

1. 原料配方

（1）皮料　面粉 1000g、温水 500g、泡打粉 20g。

（2）馅料　羊肉 1000g、食用油 300g、大葱 200g、酱油 20g、生姜 20g、料酒 20g、味精 6g、精盐 6g、胡椒粉 2g、五香粉 2g。

2. 操作要点

（1）和面　将面粉倒入和面机的容器内，加入泡打粉拌匀，再加温水和成稍软的面团，揉匀略醒。

（2）原料预处理　将原料羊肉、大葱、生姜处理后均剁成末。

（3）拌馅　将羊肉末内加入油 50g 及其他所有调料拌匀成馅。

（4）整形　将面团搓成长条，揪成大小均匀的剂子按扁，捪成薄片，包入馅捏严口，收口捏严，以防烙制时露馅，擀成圆饼坯。

（5）烙制　在平底锅内倒入食用油烧热，然后放入饼坯，文火烙制，以保证熟透不焦煳，烙至两面呈金黄色、熟透即成。

十三、烙韭菜盒子

1. 原料配方

（1）皮料　面粉 1000g、温水 500g。

（2）馅料　韭菜 800g、鸡蛋 500g、食用油 100g、猪油 40g、精盐 6g、味精 4g、十三香粉 2g。

（3）刷油　食用油 200g。

2. 操作要点

（1）和面　将面粉倒入和面机的容器内，用温水和成面团，稍微醒发。

（2）制馅　在锅内加油 100g 烧热，倒入鸡蛋液炒熟后倒在案板上晾凉剁碎，放入容器内。

（3）制馅　将韭菜切末放到盛鸡蛋的容器内，加入所有调料（不加油）拌匀成馅。

（4）整形　把醒发好的面团搓成长条，揪成大小均匀的剂子，擀成圆皮，在一张皮上抹馅，另拿一张皮扣上，用手锁上花边成盒子坯，收口要捏严，以防烙制时露馅。

（5）烙制　在平底锅内刷油，放入盒子坯，文火烙制，以保证熟透不焦煳。烙大约 5min 后出锅即可。

第二节　干烙类

干烙方法是制品表面和锅底既不刷油，也不洒水，直接将制品放入平锅内烙。干烙制品，一般来说，在制品成形时加入油、盐等（但也有不加的，如发面饼等）。

一、玉米锞

1. 原料配方

玉米面 1000g、雪里蕻 400g、猪板油 400g、干淀粉 200g。

2. 操作要点

（1）原料预处理　将雪里蕻切碎，猪板油撕去皮膜，切成 1cm 见方的丁，一起放入盆内，加入干淀粉拌匀，揉透，使雪里蕻、淀粉吸入油分，即成馅心。

（2）整形　将玉米面放入盆内，倒入开水 400g 烫拌均匀，揉透，搓成条，揪成 20 个面剂子，逐个按压成扁圆形，包入馅心，收口成圆球形，再按成饼。

（3）烙饼　干锅置中火上烧热，放入饼坯，慢火干烙，待两面焦黄成熟时即成。

3. 注意事项

馅心要揉匀搓透。玉米面要用细玉米面，烫熟后反复揉透，避免包时玉米面漏馅。饼坯用中火烙制，火大易煳，且容易外煳内生。

二、玉米面夹心饼

1. 原料配方

玉米面 1000g、面粉 500g、五香粉 6g、葱末 40g、姜末 40g、

中式糕点

生产工艺与配方

五香粉 6g、盐适量。

2. 操作要点

（1）和面　将玉米面放入盆内，加入五香粉、盐拌匀，倒入沸水，边倒边搅拌成面团，晾凉后，加入葱末、姜末拌匀。

（2）醒发　将面粉加温水和成皮面，稍饧。

（3）整形　将皮面揉成条状，揪成 5 个剂进行捏团，擀成片，把玉米面团分成 5 份捏圆。用一个面剂子皮包入一份玉米面团，捏紧收口，制成夹心饼生坯。

（4）烙饼　将生坯擀成薄饼，放入平锅内，烙至鼓起，两面呈金黄色即成。

3. 注意事项

玉米面加沸水要多些，使面团软点，这样烙出的夹心饼柔软好吃。烙饼用微火，防止烙煳。

三、豆馅贴饼子

1. 原料配方

玉米面 1000g、豆沙馅 1000g、水适量。

2. 操作要点

（1）和面　将玉米面放入盆内，用温水和匀，分成 10 份，并逐一包入豆沙馅，捏成椭圆形团子。

（2）烙饼　将大铁锅内放 2000～3000g 水，待水开、锅热后，把豆馅团子按扁贴在锅帮上，用手稍按一下，盖严锅盖，用微火烧约 20min。

3. 注意事项

贴饼子面不宜太软，否则贴不住。贴饼子要等锅烧热再贴，贴好后要盖严锅盖，用微火焖烤。

四、平锅烙烧饼

1. 原料配方

面粉 1000g、面肥 200g、麻酱 100g、芝麻 100g、植物油、食盐、碱适量。

2. 操作要点

（1）和面、整形　先将面粉加水和面肥，调成面团，加入碱再揉均匀，擀成薄片，抹上麻酱（加水或油调稀，有的用花椒面和茴香末调），卷成卷，下1个50g的剂子，搓圆后按扁，上面均匀地刷上糖色，撒上芝麻。

（2）烙饼　整形好后在平锅（饼铛）去进行两面烙，并适时翻个，并要转动位置，快烙熟时，移开平锅，放入炉内周围，略烤几分钟即成。

五、葱花椒盐油饼

1. 原料配方

面粉1000g、大油150g、葱花55g、酵母18g、椒盐18g、食用碱1.5g。

2. 操作要点

（1）和面、发酵　先将面粉加入酵母，用温水和成面团揉匀，保持30℃温度饧发30min左右，发透、发好即成。

（2）整形　把发好的面团加入食碱揉均匀，揉光，搓成粗条，揪成10个大小均匀的剂子，把剂子逐个搓成细条，再用手压扁，擀成长薄片，上面抹上大油，抹匀后洒上葱花、椒盐，用手左右抹均匀。再从右向左卷起来，卷好，立起来压好，一擀即成，逐个做好即可烙制。

（3）烙饼　把电饼铛烧热，将做好的饼坯放入，盖上盖烙几分钟，使之呈金黄色。翻过来再烙另一面，同样盖上盖，使之烙至金黄色，用铲子铲出装盘即成。

六、糖筋饼

1. 原料配方

（1）皮料　面粉1000g、热水500g、猪油150g。

（2）馅料　白糖500g、猪油300g、面粉200g、香油200g、青红丝60g。

2. 操作要点

（1）和面　将面粉用热水烫好，加猪油揉匀成面团。

（2）制馅　将青红丝切碎，面粉炒熟。熟面粉内加入青红丝、白糖、猪油、香油搅拌成馅。

（3）整形　将面团搓成长条，揪成大小均匀的剂子按扁，包入糖馅，收口要捏严，以防烙制时露馅，擀成圆形饼坯。

（4）烙制　把饼坯放入烧热的平底锅内，不刷油，进行小火干烙，以保证熟透不焦煳。用小火烙至饼两面出现芝麻花点、鼓起时即熟，取出装盘即成。

参 考 文 献

[1] 曾洁. 月饼生产工艺与配方. 北京：中国轻工业出版社，2009.

[2] 朱珠，梁传伟. 焙烤食品加工技术. 北京：中国轻工业出版社，2010.

[3] 高海燕. 食品加工机械与设备. 北京：化学工业出版社，2008.

[4] 许学勤. 食品工厂机械与设备. 北京：中国轻工业出版社，2011.

[5] 李祥睿，陈洪华. 中式糕点工艺与配方. 北京：中国纺织出版社，2013.

[6] 曾洁. 粮油加工实验技术（第2版）. 北京：中国农业大学出版社，2014.

[7] 朱维军. 中式糕点工艺与配方. 北京：金盾出版社，2012.

[8] 曾洁，杨继国. 谷物杂粮食品加工. 北京：化学工业出版社，2011.

[9] 曾洁，邹建. 谷物小食品生产. 北京：化学工业出版社，2013.

[10] 陈迤. 面点制作技术. 北京：中国轻工业出版社，2008.

[11] 刘长虹. 蒸制面食生产技术（第2版）. 北京：化学工业出版社，2011.

[12] 岳晓禹，张丽香. 家常面点主食加工技术. 北京：化学工业出版社，2013.

[13] 马涛. 煎炸食品生产工艺与配方. 北京：化学工业出版社，2011.

本社食品类相关书籍

书号	书名	定价
24709	休闲食品生产工艺与配方	29.9 元
23001	酱油生产实用技术	69 元
22210	复合调味料生产技术与配方	69 元
21977	面包加工技术与实用配方	29 元
20488	饮料生产工艺与配方	35 元
20215	饼干加工技术与实用配方	39.9 元
20573	灌肠肉制品加工技术	29 元
20539	肉制品生产	35 元
20002	腌腊肉制品生产	29 元
19736	酱卤食品生产工艺和配方	35 元
15122	烹饪化学	59 元
14642	白酒生产实用技术	49 元
19813	果酒米酒生产	29 元
12731	餐饮业食品安全控制	39 元
12285	焙烤食品工艺(第二版)	48 元
20002	腌腊肉制品生产	29 元
11040	复合调味技术及配方	58 元
10711	面包生产大全	58 元
10041	豆类食品加工	28 元
09723	酱腌菜生产技术	38 元
19735	泡菜生产工艺和配方	29.9 元
09390	食品添加剂安全使用指南	88 元
16941	食品调味原料与应用	49 元

书号	书名	定价
09317	蒸煮食品生产工艺与配方	49 元
18284	西餐烹饪基础	39 元
19358	罐头食品生产	35 元
16504	蔬菜类小食品生产	35 元
16503	果品类小食品生产	35 元
16519	豆类小食品生产	29 元
15948	水产类小食品生产	29 元
15227	谷物小食品生产	29 元
06871	果酒生产技术	45 元
05403	禽产品加工利用	29 元
05200	酱类制品生产技术	32 元
05128	西式调味品生产	30 元
04497	粮油食品检验	45 元
03985	调味技术概论	35 元
03904	实用蜂产品加工技术	22 元
03344	烹饪调味应用手册	38 元
03153	米制方便食品	28 元
03345	西式糕点生产技术与配方精选	28 元
03024	腌腊制品生产	28 元
02958	玉米深加工	23 元
02444	复合调味料生产	35 元
02465	酱卤肉制品加工	25 元
02397	香辛料生产技术	28 元
02244	营养配餐师培训教程	28 元

书号	书名	定价
02156	食醋生产技术	30元
02090	食品馅料生产技术与配方	22元
02083	面包生产工艺与配方	22元
01783	焙烤食品新产品开发宝典	20元
01699	糕点生产工艺与配方	28元
01654	食品风味化学	35元
01416	饼干生产工艺与配方	25元
01315	面制方便食品	28元
01070	肉制品配方原理与技术	20元
14864	粮食生物化学	48元
14556	食品添加剂使用标准应用手册	45元
13825	营养型低度发酵酒300例	45元
13872	馒头生产技术	19元
13872	腌菜加工技术	26元
13824	酱菜加工技术	28元
13645	葡萄酒生产技术(第二版)	49元
13619	泡菜加工技术	28元
13618	豆腐制品加工技术	29元
12056	天然食用调味品加工与应用	36元
10594	传统豆制品加工技术	28元
10327	蒸制面食生产技术(第二版)	25元
07645	啤酒生产技术(第二版)	48元
07468	酱油食醋生产新技术	28元
07834	天然食品配料生产及应用	49元

书号	书名	定价
06911	啤酒生产有害微生物检验与控制	35 元
05008	食品原材料质量控制与管理	32 元
04786	食品安全导论	36 元

如有购书和出版需要，请与责任编辑联系。

联系电话：010-64519439。E-mail：pam198@126.com。